现代水环境监测与信息化管理研究

王　慧　杜　静　班国德◎著

吉林科学技术出版社

图书在版编目（CIP）数据

现代水环境监测与信息化管理研究 / 王慧，杜静，班国德著. -- 长春 : 吉林科学技术出版社，2022.9
ISBN 978-7-5578-9697-3

Ⅰ. ①现… Ⅱ. ①王… ②杜… ③班… Ⅲ. ①水环境－环境监测－研究②水环境－环境管理－信息化－研究
Ⅳ. ①X832②X143

中国版本图书馆 CIP 数据核字(2022)第 178077 号

现代水环境监测与信息化管理研究

著 王 慧 杜 静 班国德
出版人 宛 霞
责任编辑 张伟泽
封面设计 金熙腾达
制 版 金熙腾达
幅面尺寸 185mm×260mm
开 本 16
字 数 290 千字
印 张 12.75
版 次 2022 年 9 月第 1 版
印 次 2023 年 3 月第 1 次印刷

出 版 吉林科学技术出版社
发 行 吉林科学技术出版社
地 址 长春市净月区福祉大路 5788 号
邮 编 130118
发行部电话/传真 0431-81629529 81629530 81629531
81629532 81629533 81629534
储运部电话 0431-86059116
编辑部电话 0431-81629518
印 刷 三河市嵩川印刷有限公司

书 号 ISBN 978-7-5578-9697-3
定 价 80.00 元

前　言

水资源是人类赖以生存的重要资源，随着我国经济快速发展，石化、化学、印染等重要工业的生产规模进一步扩大，在给我国的经济发展带来强劲动力的同时，各种有毒有害的污染源头也不断增多。这些行业是非常规有毒污染物的重要排放源，排放污染物种类多、数量大，对生态环境质量构成很大的威胁，使得突发性环境污染事故发生的可能性也大大增加。水资源污染越来越严重，因此对水资源的保护刻不容缓。水环境监测为水环境管理、污染源控制、环境规划等提供科学依据及技术支撑，水环境监测过程中产生的数据可为水资源保护提供数据参考。水环境监测是有效保护水环境的基础和前提，在环境管理中加强水环境监测对于水环境的保护有着非常重要的意义。

本书属于水环境监测与信息化管理方面的著作，介绍了水环境监测业务技术及管理工作，在理论、技术和方法上都比较新颖，突出实用性和实践性，主要包括常规水环境监测、水生生物监测、水环境管理等内容。本书理论与实践相结合，阐述了水环境监测过程中的水环境风险监测与应急响应技术，且对水环境管理进行了详细的介绍。全书紧密结合水环境监测的现状，内容以现行的国家标准为依据，力求反映当前水环境的发展水平，对从事水环境监测专业的研究学者与水环境管理工作者有学习和参考的价值。

本书在撰写过程中，收集、整理、参考了当前已有的监测设备、应急监测技术等。限于作者水平，书中疏漏和不当之处在所难免，恳请专家及同行批评指正，也热诚欢迎广大读者提出宝贵意见。

目　录

第一章 环境与水环境监测

第一节 环境监测的概念

环境监测是在环境分析的基础上发展起来的一门学科，是环境科学的一个重要分支学科，也是一门实践与理论并重的应用学科。环境监测是运用各种手段，对影响和反映环境质量因素的代表值进行测定，并得到反映环境质量或环境污染程度及其变化趋势的相关数据和结果的过程。随着人类社会和科学技术的发展，环境监测所包含的内容也在不断扩展。早期的环境监测一般只针对工业污染源，而当今的环境监测不仅针对所有影响环境质量的污染因子，还针对生物和生态变化等。早期的环境监测只能确定环境的实时质量，而当今的环境监测不仅能确定环境的实时质量，还能为预测环境质量提供科学依据。

环境监测的对象包括对环境造成污染或危害的各种污染因子、反映环境质量变化的各种自然因素、对环境及人类活动产生影响的各种人为因素等。

环境监测的过程一般可分为现场调查、监测方案制订、优化布点、样品采集、运送保存、分析测试、数据处理、综合评价等环节。

人类可利用环境监测数据及时掌握环境质量的现状及其污染程度。所以，环境监测是环境管理和污染治理等工作的基础，在人类防治环境污染，改善生态环境，实现人与环境可持续发展的过程中起着不可替代的作用。

一、环境监测的目的与分类

（一）环境监测的目的

环境监测的目的是准确、及时、全面地反映环境质量现状及发展趋势，为环境管理、污染源控制、环境规划提供科学依据。环境监测的任务具体可归纳为：

1. 根据环境质量标准，利用监测数据对环境质量做出评价。

2. 根据污染情况，追踪污染源，研究污染变化趋势，为环境污染监督管理和污染控制提供依据。

3. 收集环境本底数据，积累长期监测资料，为制定各类环境标准（法规），实施总量控制、目标管理、预测环境质量提供依据。

4. 实施准确可靠的污染监测，为环境执法部门提供执法依据。

5. 为保护生态环境、人类健康以及自然资源的合理利用提供服务。

（二）环境监测的分类

环境监测可按监测介质和监测目的进行分类。

1. 按监测介质分类

环境监测按照监测介质（环境要素），可分为空气监测、水质监测、土壤监测、固体废物监测、生物监测、生态监测、物理污染监测（包括噪声和振动监测、放射性监测、电磁辐射监测）和热污染监测等。

2. 按监测目的分类

（1）监视性监测（又称常规监测或例行监测）

监视性监测是对环境要素的污染状况及污染物的变化趋势进行监测，以达到确定环境质量或污染状况、评价污染控制措施效果和衡量环境标准实施情况等目的。监视性监测是各级环境监测站监测工作的主体，所积累的环境监测数据，是确定一定区域内环境污染状况及发展趋势的重要基础。

监视性监测包括两方面的工作：①环境质量监测（指对所在地区的水体、空气、噪声、固体废物等的常规监测）；②污染源监督监测（指对所在地区的污染物浓度、排放总量、污染趋势等的监测）。

（2）特定目的性监测（又称特例监测）

特定目的性监测是为完成某项特种任务而进行的应急性监测，是不定期、不定点的监测。这类监测除一般的地面固定监测外，还有流动监测、低空航测、卫星遥感监测等形式。特定目的性监测可分为以下几种情况：

①污染事故监测

对各种突发污染事故进行现场应急监测，摸清事故的污染程度和范围、造成危害的大小等，为控制和消除污染提供决策依据。如油船石油溢出事故造成的海洋污染监测、核泄漏事故引起的放射性污染监测、工业污染源各类突发性的污染事故监测等。

②仲裁监测

主要是针对环境法律法规执行过程中所发生的矛盾和环境污染事故引起的纠纷而进行的监测，如排污收费、数据仲裁、调解处理污染事故纠纷时向司法部门提供的仲裁监测等。仲裁监测应由国家指定的具有质量认证资质的单位或部门承担。

③考核验证监测

一般包括环境监测技术人员的业务考核、上岗培训考核、环境监测方法验证和污染治理项目竣工验收监测等。

④综合评价监测

针对某个工程或建设项目的环境影响评价进行的综合性环境现状监测。

⑤咨询服务监测

指向其他社会部门提供科研、生产、技术咨询、环境评价和资源开发保护等服务时需要进行的服务性监测。

（3）研究性监测（又称科研监测）

研究性监测是专门针对科学研究而进行的监测，属于技术比较复杂的一种监测，往往要求多部门、多学科协作才能完成。一般包含以下几种情况：

①标准方法、标准样品研制监测

为制定、统一监测分析方法和研制环境标准物质（包括标准水样、标准气、土壤、尘、植物等各种标准物质）所进行的监测。

②污染规律研究监测

主要研究污染物从污染源到受体的转移过程以及污染物质对人、生物和生态环境的影响。

③背景调查监测

通过监测专项调查某区域环境中污染物质的原始背景值或本底含量。

二、环境污染和环境监测的特点

（一）环境污染的特点

1. 广泛性

广泛性指各种污染物的污染影响范围在空间和时间上都比较广。由于污染源强度、环境条件的不同，各种污染物质的分散性、扩散性、化学活动性存在差异，污染的范围和影响也就不同。空间污染范围有局部的、区域的、全球的；污染影响时间有短期的、长期的。一个地区可以同时存在多种污染物质，一种污染物质也可以同时分布在若干区域。

2. 复杂性

复杂性指影响环境质量的污染物种类繁多，成分、结构、物理化学性质各不相同。监测对象的复杂性包括污染物分类的复杂性和污染物存在形态的复杂性。

3. 易变性

易变性指环境污染物在环境条件的作用下发生迁移、变化或转化的性质。迁移指污染物空间位置的相对移动，迁移可导致污染物扩散、稀释或富集；转化指污染物形态的改变，如物理相态的改变，化学化合态、价态的改变等。迁移和转化不是毫无联系的过程，污染物在环境中的迁移常常伴随着形态的转化。

（二）环境监测的特点

1. 综合性

环境监测是一项综合性很强的工作。环境监测的方法包括物理、化学、生物、物理化学、生物化学等，它们都是可以表征环境质量的技术手段。另外，环境监测的对象包括空气、水、土壤、固体废物、生物等，准确描述环境质量状况的前提是对这些监测对象进行客观、全面的综合分析。

2. 连续性

环境污染的时间、空间分布具有广泛性、复杂性和易变性的特点，因此，只有开展长期、连续性的监测，才能从大量监测数据中发现环境污染的变化规律，并预测其变化趋势。数据越多，监测周期越长，预测的准确度就越高。

3. 追溯性

环境监测包含现场调查、监测方案制订、优化布点、样品采集、运送保存、分析测试、数据处理、综合评价等环节，是一项复杂的系统工作。任何一个环节出现差错都将对最终数据的准确性产生直接影响。为保证监测结果的准确度，必须先保证监测数据的准确性、可比性、代表性和完整性。因此，环境监测过程一般都须建立相应的质量保障体系，确保每一个工作环节和监测数据都是可靠的、可追溯的。

（三）环境优先监测

环境中存在的污染物质种类繁多，不同种类的污染物质的含量和危害程度往往不尽相同，在实际工作中很难做到对每一种污染物质都开展监测。在人力、物力和技术水平等有限的条件下，往往只能做到有重点、有针对性地对部分污染物进行监测和控制。这就要求按照一定的原则，根据污染物质的潜在危害、浓度和出现频率等情况对环境中可能存在的众多污染物质进行分级排序，从中筛选出潜在危害较大、出现频率较高的污染物质作为监测和控制的重点对象。在这一筛选过程中被优先选择为监测对象的污染物称为环境优先污染物，简称优先污染物。针对优先污染物进行的环境监测称为环境优先监测。

早期监测和控制的优先污染物主要是一些在环境中浓度高、毒性大的无机污染物，如重金属等，其危害多表现为急性毒性的形式，容易获得监测数据。而有机污染物由于种类较多、含量较低且分析检测技术水平有限，所以一般用综合性指标，如 COD、BOD、TOC 等来反映。随着科学技术的不断发展，人们逐渐认识到一些浓度极低的有机污染物在环境和生物体内长期累积，也会对人类健康和环境造成极大的危害。这些含量极低（一般为痕量）的有毒有机物的存在对 COD、BOD、TOC 等综合指标影响甚小，但对人体健康和环境的危害很大。这类污染物也逐渐被列为优先污染物进行监测和控制。

环境优先污染物一般都具有以下特点：潜在危害大（毒性大）；影响范围广；难以降解；浓度已接近或超过规定的浓度标准或其浓度呈大幅上升趋势；目前已有可靠的分析检测方法。

三、环境监测技术

（一）化学分析法

化学分析法是以化学反应为基础的分析方法，在环境监测中应用较多的是重量分析法和容量分析法（滴定分析法）两种。

1. 重量分析法

重量分析法是用适当方法先将试样中的待测组分与其他组分分离并转化为一定的形式，再用称量的方式测定该组分含量的分析方法。重量分析法在环境监测中主要用于环境空气中悬浮颗粒物（PM_{10}、$PM_{2.5}$）、降尘以及水体中悬浮固体、残渣、油类等项目的测定。

2. 容量分析法

容量分析法是将一种已知准确浓度的溶液（标准溶液），滴加到含有被测物质的溶液中，根据化学定量反应完成时消耗标准溶液的体积和浓度，计算出被测组分含量的一类分析方法。根据化学反应类型的不同，容量分析法分为酸碱滴定法、配位滴定法、沉淀滴定法和氧化还原滴定法四种。容量分析法主要用于水中酸碱度、化学需氧量、生化需氧量、溶解氧、硫化物、氰化物、硬度等项目的测定。

（二）仪器分析法

仪器分析法是利用被测物质的物理或物理化学性质来进行分析的方法。由于这类分析方法一般需要借助相应的分析仪器，因此称为仪器分析法。目前，仪器分析法已被广泛应用于对环境污染物的定性和定量分析中。在环境监测中常用的仪器分析法有光谱分析法（包括紫外-可见分光光度法、红外光谱法、原子吸收光谱法、原子荧光光谱法、X 射线荧光光谱法等）、质谱法、色谱分析法（包括气相色谱法、高效液相色谱法、离子色谱法、气-质联用、液-质联用等）、电化学分析法（包括电位分析法、极谱分析法等）等。例如，污染物中无机金属和非金属的测定常用光谱分析法；有机物的测定常用色谱分析法；污染物的定性分析和结构分析常采用紫外-可见分光光度法、红外分光光度法（即红外光谱法）、质谱法等。

（三）生物技术

生物监测技术是利用生物个体、种群或群落对环境污染所产生的反应信息来判断环境质量状况的一类方法。

生物监测包括生物体内污染物含量的测定、观察生物在环境中受伤害症状、生物的生理生化反应的测定、生物群落结构和种类变化的监测等几个方面。例如，根据指示植物叶片上出现的受伤害症状，可对大气污染做出定性和定量的判断；利用水生生物受到污染物毒害所产生的生理机能（如鱼的血脂活力）变化，可判断水质污染状况等。所以，这种方法也是一种最直接的反映环境综合质量的方法。

（四）环境监测技术的发展

随着科学技术的不断发展和国家对生态环境管理要求的逐步提高，环境监测技术也随之不断发展。

目前，环境监测技术逐步向高灵敏度、高准确度、高分辨率方向发展。随着对环境污染物研究的不断深入，人们逐渐认识到环境中部分污染物浓度虽然很低，但对人体和生态环境都会产生不同程度的危害，如 VOCs（挥发性有机物）、二噁英和环境激素类化学品等。对这类污染物质实施监测，必须借助痕量及超痕量分析技术，对监测方法及分析仪器灵敏度、准确度、分辨率等方面的要求也随之提高。因此，高灵敏度、高准确度、高分辨率的检测技术和分析仪器，如大型精密分析仪器、多仪器联用技术等被日益广泛地应用于环境监测工作中。

另外，当前的环境监测正逐步向自动化、标准化和网络化方向发展，环境监测仪器正在向便携化和复合化方向发展。“3S”技术（地理信息系统技术 GIS、遥感技术 RS、全球卫星定位系统技术 GPS）和信息技术被广泛应用于环境监测中，现代生物技术在环境监测中的应用也逐渐增多。

四、环境监测网络与环境自动监测

（一）环境监测网络

环境监测工作是综合性科学技术工作与执法管理工作的有机结合体。环境监测网络既具有收集、传输质量信息的功能，又具有组织管理功能。目前，国内外建立的环境监测网络主要有两种类型：一种是要素型，即按不同环境要素来建立监测网络，如美国国家环保局的环境监测网络。美国国家环保局设有三个国家级监测实验室（大气监测研究中心，水质监测研究中心，噪声、放射性、固体废弃物及新技术研究中心），分别负责全国各环境要素的监测技术、数据收集处理工作。另一种是管理型，即按行政管理体系来建立监测网络。该类型中监测站按行政层次设立，测点由地方环保部门控制。上述两种类型的监测网络分别如图 1-1、图 1-2 所示。

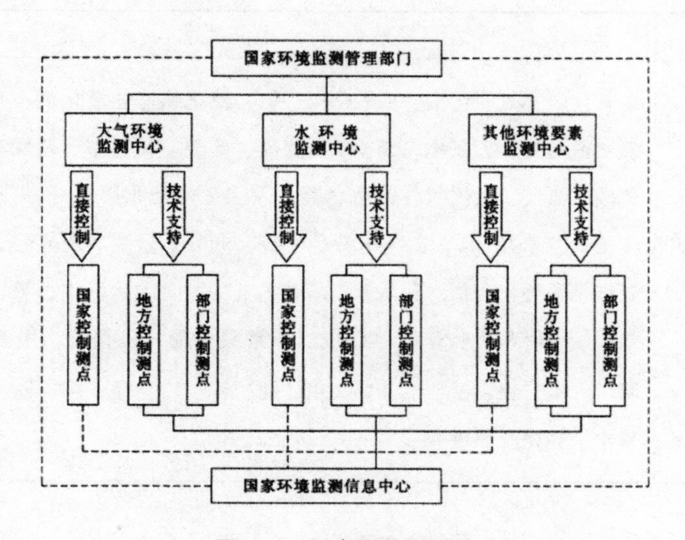

图 1-1　要素型监测网络

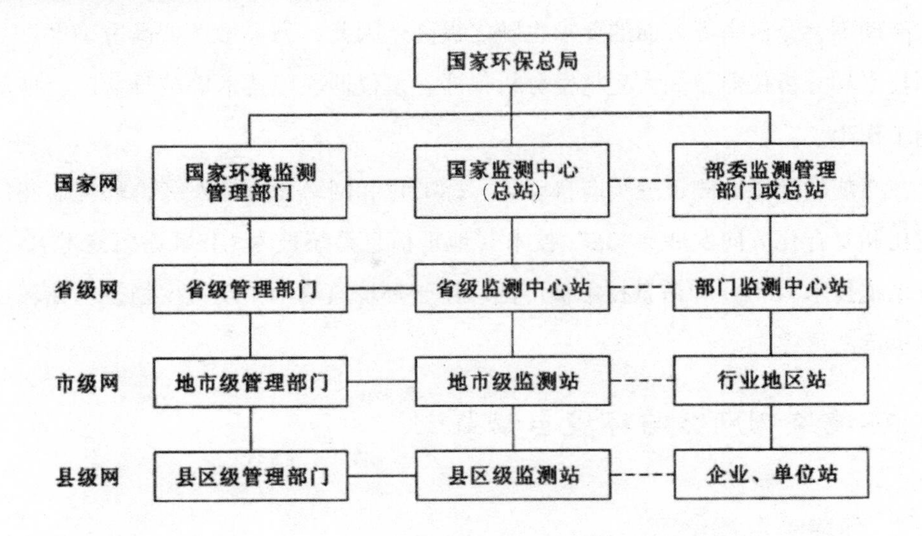

图 1–2　管理型监测网络

我国各级环境监测站基本监测工作能力见表 1–1。监测站的基本监测能力主要以能否开展现行的《空气和废气监测分析方法》《水和废水监测分析方法》《环境监测技术规范（噪声部分）》等各种监测技术规范中列举的监测项目来衡量。原则上一、二级站（国家级、省级）必须具备各项目监测分析能力，其中大气和废气监测共 61 项；降水监测共 12 项；水和废水监测共 71 项；土壤底质固体废弃物监测共 12 项；水生生物监测共 3 大类；噪声、振动监测 6 项。三级站（市级）应尽可能全面具备各项目的监测能力。四级站（县级）监测除了必监测项目外，应根据当地污染特点尽可能增加相应的监测项目。

表 1–1　环境监测站基本监测能力一览表

类别	监测项目
大气和废气监测（共 61 项）	一氧化碳、氮氧化物、二氧化氮、氨、氰化物、总氧化剂、光化学氧化剂、臭氧、氟化物、五氧化二磷、二氧化硫、硫酸盐化速率、硫酸雾、硫化氢、二硫化碳、氯气、氯化氢、铬酸、雾、汞、总烃及非甲烷烃、芳香烃（苯系物）、苯乙烯、苯并［a］芘、甲醇、甲醛、低分子量醛、丙烯醛、丙酮、光气、沥青烟、酚类化合物、硝基苯、苯胺、吡啶、丙烯腈、氯乙烯、氯丁二烯、环氧氯丙烷、甲基对硫磷、敌百虫、异氰酸甲酯、肼和偏二甲基肼、TSP、PM_{10}、降尘、铍、铬、铁、硒、锑、铅、铜、锌、铬、锰、镍、镉、砷、烟尘及工业粉尘、林格曼黑度

续表

类别	监测项目
降水监测（共12项）	电导率、pH值、硫酸根、亚硝酸根、硝酸根、氯化物、氟化物、铵、钾、钠、钙、镁
水和废水监测（共71项）	水温、水流量、颜色、臭、浊度、透明度、pH值、残渣、矿化度、电导率、氧化还原电位、银、砷、铍、镉、铬、铜、汞、铁、锰、镍、铅、锑、硒、钴、铀、锌、钾、钠、钙、镁、总硬度、酸度、碱度、二氧化碳、溶解氧、氨氮、亚硝酸盐氮、硝酸盐氮、凯氏氮、总氮、磷、氯化物、碘化物、氰化物、硫酸盐、硫化物、硼、二氧化硅（可溶性）、余氯、化学需氧量、高锰酸钾指数、五日生化需氧量、总有机碳、矿物油、苯系物、多环芳烃、苯并［a］芘、挥发性卤代烃、氯苯类化合物、六六六、滴滴涕、有机磷农药、有机磷、挥发性酚类、甲醛、三氯乙醛、苯胺类、硝基苯类、阴离子合成洗涤剂
土壤底质固体废弃物监测（共12项）	总汞、砷、钼、铜、锌、镍、铅、锰、镉、硫化物、有机氯农药、有机质
水生生物监测（共3类）	水生生物群落、水的细菌学测定、水生生物毒性测定
噪声、振动监测（共6项）	区域环境噪声、交通噪声、噪声源、厂界噪声、建筑工地噪声、振动

（二）环境自动监测

要达到控制污染、保护环境的目的，必须掌握环境质量变化，进行定点、定时的人工采样与监测，月复一月、年复一年地积累各类监测数据，然后通过综合分析找出污染现状和变化规律。完成这项工作需要花费大量的人力、物力和财力。20世纪70年代初，世界上许多国家和地区相继建立了可连续工作的大气和水质污染自动监测系统，使环境监测工作向连续自动化方向发展。环境自动监测系统的工作体系为一个中心监测站和若干个固定的环境自动监测系统24小时连续自动地在线工作，在正常运行时一般不需要人员参与，所有的监测活动（包括采样、检测、数据采集处理、数据显示、数据打印、数据贮存等），都是在电脑的自动控制下完成的。

子站的主要工作任务包括通过电脑按预定的监测时间、监测项目进行定时定点样品采集、仪器分析检测、检测数据处理、定时向中心监测站传送检测数据等。

监测中心站的主要工作任务包括收集各子站的监测数据、数据处理、统计检验结果、打印污染指标统计表、绘制污染分布图、公布污染指数、发出污染警报等。

（三）我国环境监测网络

我国的环境监测网络在最初的管理型监测网络（按行政管理体系建立）的基础上逐步建立和完善了以环境要素为基础的跨部门、跨行政区的要素型监测网络，如三峡工程生态与环境监测信息管理中心、东亚酸沉降监测网中国网、国家海洋环境监测中心等。早在20世纪90年代初，我国就建立了国家环境质量监测网（简称国控网），形成了国家、省、市、县四级环境监测网络。自1998年起，设立了国家环境监测网络专项资金，用于环境监测能力和监测信息传输能力等方面的建设。目前，我国已建成覆盖全国的自动化、标准化的环境质量监测网络，涵盖了城市空气质量自动监测系统、地表水质自动监测系统、污染源自动监测系统、近岸海域自动监测系统、生态监测系统等。

五、环境标准

标准是经公认的权威机构批准的一项特定标准化工作成果（ISO定义），它通常以文件的形式规定必须满足的条件或基本单位。环境标准是以防止环境污染、维护生态平衡、保护人群健康为目的，对环境保护工作中需要统一的各项技术规范和技术要求所做的规定，也是有关控制污染、保护环境的各种标准的总称。

环境标准是环境保护法规的重要组成部分，具有法律效力；环境标准是环境保护工作的基本依据，也是判断环境质量优劣的标尺。环境标准在无形中推动环境科学的不断发展。环境标准是一个动态标准，它必须根据所处时期的科学技术水平、社会经济发展状况、环境污染状况等来制定。环境标准通常每隔几年修订一次，新标准一旦颁布，老标准自动作废。

（一）我国环境标准体系

我国的环境标准体系由国家环境保护标准、地方环境保护标准和国家环境保护行业标准三部分组成。我国环境标准体系构成如图1-3所示。

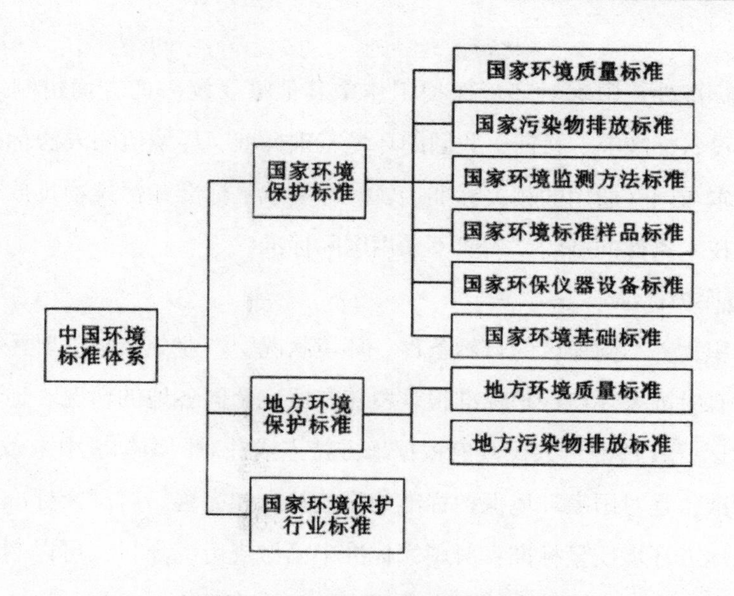

图 1-3　我国环境标准体系构成

1. 国家环境保护标准

国家环境保护标准包括国家环境质量标准、国家污染物排放标准、国家环境监测方法标准、国家环境标准样品标准、国家环保仪器设备标准和国家环境基础标准六大类。

国家环境质量标准是指在一定的时间和空间范围内，为保护人群健康、维护生态平衡、保障社会物质财富，国家在考虑技术、经济条件的基础上，对环境中有害物质或因素的允许含量所做的限制性规定。它是国家环境政策目标的具体体现，是制定污染物排放标准的依据，也是衡量环境质量的标尺。这类标准一般按照环境要素和污染要素划分，如大气质量标准、水质量标准、环境噪声标准以及土壤、生态质量标准等。

国家污染物排放标准是国家为实现环境质量标准目标，结合技术经济条件和环境特点，对排入环境的污染物或有害因素所做的限制性规定。它是实现环境质量标准的重要保证，也是对污染排放进行强制性控制的重要手段。

国家环境监测方法标准是国家为保证环境监测工作质量而对采样、样品处理、分析测试、数据处理等做出的统一规定。此类标准一般包含采样方法标准和分析测定方法标准。

国家环境标准样品标准是国家为保证环境监测数据的准确、可靠而对用来标定分析仪器、验证分析方法、评价分析人员技术和进行量值传递或质量控制的材料或物质所做的统一规定。

国家环境基础标准是指在环境保护工作范围内，国家对有指导意义的符号、代号、图形、量纲、指南、导则等所做的统一规定。它在环境标准体系中处于指导地位，是制定其他标准的基础。

除上述环境标准外，国家对环境保护工作中其他需要统一的方面也制定了相应的标准，如环保仪器设备标准等。目前，我国的环境基础标准、环境监测方法标准和环境标准样品标准，已基本与国际通用的相关标准接轨。环境质量标准和污染物排放标准受具体国情和环境特点及技术条件的制约，一般不采用国际标准。

2. 地方环境保护标准

我国国土面积大，不同地区的自然条件、环境状况、产业分布和主要污染因子等情况存在较大差异，有时国家环境保护标准很难覆盖和适应全国各地的情况。地方环境保护标准是由省（自治区、直辖市）人民政府根据地方特点或针对国家标准中未做规定的项目制定的环境保护标准，是对国家环境保护标准的有效补充和完善。对国家标准中未做规定的项目，可以制定地方环境质量标准；对国家标准中已做规定的项目，可以制定严于国家标准的相应地方标准。地方环境标准可在本省（自治区、直辖市）所辖地区内执行。地方环境保护标准包括地方环境质量标准和地方污染物排放标准。环境基础标准、环境标准样品标准和环境监测方法标准不制定地方标准。在标准执行时，地方环境保护标准优先于国家环境保护标准。近年来，随着环境保护形势的日趋严峻，一些地方已将总量控制指标纳入地方环境保护标准。

3. 国家环境保护行业标准

由于各类行业的生产情况不同，产生和排放的污染物的种类、强度和方式也各不相同，有些行业之间差异甚至很大。因此，针对不同的行业须制定相应的环境保护标准，这样才能与各行业的具体情况相适应。国家环境保护行业标准由国家环境保护行政主管部门针对不同行业的具体情况制定，在全国范围内执行。在环境保护领域，主要围绕污染物排放来制定行业标准。污染物排放标准分为综合排放标准和行业排放标准。行业排放标准是针对特定行业的生产工艺、排污状况以及污染控制技术评估和成本分析，并参考国外相关法规和典型污染达标案例等综合情况而制定的污染物排放控制标准。例如，中华人民共和国生态环境部根据我国大气污染物排放的特点，确定锅炉、水泥厂、火电厂、炼焦炉、工业炉窑（含黑色冶金、有色冶金、建材）等为重点排放设备或行业，并单独为其制定排放标准。行业排放标准是根据本行业的污染状况制定的，因而具有更好的适应性和可操作性。综合排放标准与行业排放标准不交叉执行，在有行业排放标准的情况下优先执行行业排放标准。

（二）我国现行环境质量标准

目前，我国已颁布实施的环境质量标准见表 1-2。

表 1-2 我国现行环境质量标准

	标准名称	标准号
空气	环境空气质量标准	GB 3095-2012
	乘用车内空气质量评价指南	GB/T 27630-2011
	室内空气质量标准	GB/T 18883-2002
水质	地表水环境质量标准	GB 3838-2002
	海水水质标准	GB 3097-1997
	地下水质量标准	GB/T 14848-2017
	农田灌溉水质标准	GB 5084-2021
	渔业水质标准	GB 11607-1989
土壤	土壤环境质量建设用地土壤污染风险管控标准（试行）	GB 36600-2018
	土壤环境质量农用地土壤污染风险管控标准（试行）	GB 15618-2018
	食品农产品产地环境质量评价标准	HJ 332-2006
	温室蔬菜产地环境质量评价标准	HJ 333-2006
	拟开放场址土壤中剩余放射性可接受水平规定（暂行）	HJ 53-2000
噪声	声环境质量标准	GB 3096-2008
	机场周围飞机噪声环境标准	GB 9660-1988
振动	城市区域环境振动标准	GB 10070-1988

第二节 水环境监测概况

一、水环境监测的含义

所谓水环境监测，就是指通过物理、化学及生物的方法对目标区域的水资源质量进行监控，比对其实际数值与规定数值是否相符，如果实际数值超出既定指标，那么有关部门就会采取一定的措施进行处理。水环境监测工作可以保证水资源的质量，确保人民所使用的水资源是符合标准的，有关部门利用监测所得出的数据可以判定水资源的质量，从而以更加科学的方式利用这些水资源。水环境监测工作是为保护水资源而开展的，可以有效地防止污染源侵入干净的水资源，或是对人体造成危害。如果测定的水资源中，有某些指标已经超出了标准值，那么这类水就不再适宜人类饮用，可能会作为工业用水使用。水环境监测工作所包含的内容有水资源的各项元素含量、白色污染程度、悬浮物浓度、其他污染程度等，有关部门可以根据监测结果做出科学评价，并且为水资源的防治工作提供全面支持。

二、水环境监测工作的步骤

水环境监测工作是一项需要长期坚持的事业，有关部门已经建立完整的工作体系，即关于水环境监测工作的科学控制步骤。第一，技术人员要明确水环境实验室的监测系统的构成，了解主要的监测任务，做出可行的工作方案以后，到现场进行采集样本的操作。第二，技术人员要根据水环境监测的实际情况，与自己所测的内容进行比对，绘制相对应的现场图纸，加强工作安排，排除在测量过程中因客观条件所带来的影响及可能出现的偏差情况等，在确认方案可行以后进行科学的方案设计工作。技术人员可以依照方案计划中的内容进行采样，再拿到实验室进行分析，保存所得出的数据并进行整理，这些数据可以作为评价水环境质量的科学依据。

三、水环境监测现状

（一）监测系统

我国水资源的分布情况较为复杂，不同区域的水资源监测系统也有所不同。在实际的监测工作中，各区域所设置的监测机构虽然相似，但具体的监测功能却并不相同，而且存在交叉检查区域监测所得数值不同的情况。由于不同检查区域的信息无法实现共享，那么不同地区的工作人员对于同一片水环境的管理方法也有所不同，而各个地区之间对于水环境监测工作尚未形成有效的沟通和明确的工作划分，那么就容易出现重复建设、资源浪费的情况。

（二）监测分析

我国的水环境监测工作主要针对受污染的水资源，侧重于监测污染水体中的常规污染因子，一些在社会发展中出现的新污染因子没有受到有关部门的高度重视。许多环境保护部门在开展水环境监测工作时，仍然沿用传统的监测标准进行操作，然而我国的水资源污染情况已经在发生改变，如果监测分析系统不能与时俱进地发展，那么常规的水资源监测方法必然无法适应当代的工作要求，缺乏生态监测的效用。为保证水环境监测工作的有序开展，有关部门的工作模式应不断创新和完善。

（三）监测技术

水环境监测工作中应用的技术处在不断创新研究中，有关部门在技术研究方面始终保持着科学严谨的态度，投入了充足的资金和精力用于技术研究，然而在实际的水环境监测工作中，滥用监测技术的问题却时有发生。由于监测技术越来越多，既有常规监测、动态监测，又有应急监测、特殊监测，那么水环境监测工作的人员可以根据不同的工作需求选择不同的监测方法，但有些工作人员在选择监测方法上缺乏科学依据，自身的知识体系较为落后，对技术的应用并不合理。

（四）监测部门

有关部门对于水环境监测工作的要求越来越严格，所以水环境监测工作面临的压力也越来越大，一些经济发展水平较低的地区的水资源污染问题愈发严重，而水环境监测工作的建设资金不足，所以实际工作屡屡受阻。在工作管理方面，部分地区的水环境监测则力不从心，我国农村制造行业排放的废水量每年高达44.9%，但有关部门无法有效地解决污染问题，只能不断重复治污，而污水的成分也非常复杂，水环境监测工作只是针对其中的几项成分进行简单测验。

四、水环境监测在环境保护中的作用和发展

社会经济发展的同时，自然生态环境也受到了一定的影响，引发了一些环境问题，给人们的生活带来了困扰。为推动经济可持续发展，有关部门非常重视环保工作，而水环境监测是检验环境污染程度的重要指标，尤其是在水环境的监测中，一些人类肉眼不可见的污染，能够通过水环境监测技术显现出来，准确地判断该区域水环境是否受到污染。水环境监测属于环境监测的内容，可以对污染源进行追溯，便于有关部门采取必要的治理措施，防止污染扩大，对已经发生或将要发生的污染起到预防和治理的作用。水环境监测是治理环境污染和制定环保标准的重要依据，对违规行为进行纠错整改要以水环境监测的结果为准，比较不同时间、不同地点的物质污染程度，并整理出每一个监测过程获取的数

据，汇总成有价值的信息。水环境监测可为完善环境保护标准提供参考信息，对实际的水环境监测工作中反映出的环境问题，有关部门能够及时制定措施并予以完善，使环境保护工作有序开展。

第二章
水环境监测的理论基础

第一节 水环境监测布点与方案

一、水环境监测布点

（一）布点原则

监测断面是指为反映水系或所在区域的水环境质量状况而设置的监测位置。监测断面要以最少的设置尽可能获取足够的有代表性的环境信息；其具体位置要能反映所在区域环境的污染特征，同时还要考虑实际采样时的可行性和方便性。流经省、自治区和直辖市的主要河流干流以及一、二级支流的交界断面是环境保护管理的重点断面。

1. 河流水系的断面设置原则

河流上的监测位置通常被称为监测断面。流域或水系要设立背景断面、控制断面（若干）和入海口断面。水系的较大支流汇入前的河口处，以及湖泊、水库、主要河流的出、入口应设置监测断面。对流程较长的重要河流，为了解水质、水量变化情况，经适当距离后应设置监测断面。水网地区流向不定的河流，应根据常年主导流向设置监测断面。对水网地区应视实际情况设置若干控制断面，其控制的径流量之和应不少于总径流量的 80%。

2. 湖泊、水库的监测布点原则

湖泊、水库通常应设置监测点位/垂线，如有特殊情况可参照河流的有关规定设置监测断面。湖（库）区的不同水域，如进水区、出水区、深水区、浅水区、湖心区、岸边区，应按水体类别设置监测点位/垂线。（库）区若无明显功能区别，可用网格法均匀设置监测垂线。监测垂线上采样点的布设一般与河流的规定相同，但当有可能出现温度分层现象时，应做水温、溶解氧的探索性试验后再确定。

3. 行政区域的监测布点原则

对行政区域可设置入境断面（对照断面、背景断面）、控制断面（若干）和出境断面（入海断面）。在各控制断面下游，如果河段有足够长度（至少 10 km），还应设置消减断面。国际河流出、入国境的交界处应设置出境断面和入境断面。国家环保行政主管部门应统一设置省（自治区、直辖市）交界断面。各省（自治区、直辖市）环保行政主管部门应统一设置市县交界断面。

4. 水体功能区的监测布点原则

根据水体功能区设置控制监测断面，同一水体功能区至少要设置一个监测断面。

5. 其他监测断面

根据污染状况和环境管理需要还可设置应急监测断面和考核监测断面。

（二）设置要求

1. 背景断面

背面断面主要反映水系未受污染时的背景值，常设置在基本上不受人类活动的影响，且远离城市居民区、工业区、农药化肥施放区及主要交通路线的地方。原则上应设在水系源头处或未受污染的上游河段，如选定断面处于地球化学异常区，则要在异常区的上、下游分别设置背景断面；如有较严重的水土流失情况，背景断面则应设在水土流失区的上游。

2. 入境断面

入境断面主要反映水系进入某行政区域时的水质状况，应设置在水系进入本区域且尚未受到本区域污染源影响处。

3. 控制断面

控制断面主要反映某排污区（口）排放的污水对水质的影响，应设置在排污区（口）的下游，污水与河水基本混匀处。控制断面的数量、控制断面与排污区（口）的距离可根据以下因素决定：主要污染区的数量及其间的距离、各污染源的实际情况、主要污染物的迁移转化规律和其他水文特征等。此外，还应考虑对纳污量的控制程度，即由各控制断面所控制的纳污量不应小于该河段总纳污量的 80%。如某河段的各控制断面均有五年以上的监测资料，可用这些资料进行优化，用优化结论来确定控制断面的位置和数量。

4. 出境断面

出境断面主要反映水系进入下一行政区域前的水质，因此应设置在本区域最后的污水排放口下游，污水与河水已基本混匀并尽可能靠近水系出境处。如在此行政区域内，河流有足够长度，则应设消减断面。消减断面主要反映河流对污染物的稀释净化情况，应设置在控制断面下游，主要污染物浓度有显著下降处。

（三）设置方法

监测断面的设置位置应避开死水区、回水区、排污口处，尽量选择河段顺直、河床稳定、水流平稳、水面宽阔、无急流、无浅滩处。监测断面应力求与水文测流断面一致，以便利用其水文参数，实现水质监测与水量监测的结合。

入海河口断面要设置在能反映入海河水水质并邻近入海的位置。有水工建筑物并受人工控制的河段，视情况分别在闸（坝、堰）上、下设置断面。如水质无明显差别，可只在闸（坝、堰）上设置监测断面。设有防潮桥闸的潮汐河流，应根据需要在桥闸的上、下游分别设置断面。由于潮汐河流的水文特征，潮汐河流的对照断面一般设在潮区界以上。若潮河段潮区界在该城市管辖的区域之外，则在城市河段的上游设置一个对照断面。潮汐河流的消减断面，一般应设在近入海口处。若入海口处于城市管辖区域外，则设在城市河段的下游。

（四）采样点的确定

在一个监测断面上设置的采样垂线数与各垂线上的采样点数应符合表 2-1 和表 2-2，湖（库）监测垂线上的采样点的布设应符合表 2-3。

表 2-1　断面上采样垂线数的设置

河流宽度	垂线数量	说明
≤50 m	一条（中泓）	1. 垂线布设应避开污染带，要测污染带应另加垂线。 2. 确能证明该断面水质均匀时，可仅设中泓垂线。 3. 凡在该断面要计算污染物通量时，必须按本表设置垂线。
50～100 m	两条（近左、右岸有明显水流处）	
>100m	三条（左、中、右）	

表 2-2　采样垂线上采样点数的设置

水深	垂线数量	说明
≤5 m	上层一点	1. 上层指水面下 0.5 m 处，水深不到 0.5 m 时，在水深 1/2 处。 2. 下层指河底以上 0.5 m 处。 3. 中层指 1/2 水深处。 4. 封冻时在冰下 0.5 m 处采样，水深不到 0.5 m 处时，在水深 1/2 处采样。 5. 凡在该断面要计算污染物通量时，必须按本表设置采样点。
5～10 m	上、下层各一点	
>10m	上、中、下三层各一点	

表 2-3　湖（库）监测点位上采样点数的设置

水深	采样点数	说明
≤5 m	一点：水面下 0.5 m 处	1. 水深不足 1m，在 1/2 水深处设置测点。 2. 有充分数据证实垂线水质均匀时，可酌情减少测点。
5～10 m	两点：水面下 0.5 m，水底上 0.5 m	
>10 m	三点：水面下 0.5 m，1/2 水深处，水底上 0.5 m	

（五）国控断面的设置

根据监测的水环境质量状况、污染物时空分布和变化规律，同时考虑社会经济发展、监测工作的实际状况和需要（要具有相对的长远性），确定监测断面布设的位置和数量，以最少的断面、垂线和测点取得代表性最好的监测数据。

选定的监测断面和垂线均应经环境保护行政主管部门审查确认，并在地图上标明准确位置，在岸边设置固定标志；同时，用文字说明断面周围环境的详细情况，并配以照片。这些图文资料均应存入断面档案，断面一经确认不能随意变动。确须变动时，须经环境保护行政主管部门同意，重做优化处理与审查确认。

对于季节性河流和人工控制河流，由于实际情况差异很大，这些河流监测断面的确定，以及采样的频次与监测项目、监测数据的使用等，由各省（自治区、直辖市）环境保护行政主管部门自定。

1. 断面特性

国家地表水环境监测网的主要功能是全面反映全国地表水环境质量状况。监测网要覆盖全国主要河流干流、主要一级支流以及重点湖泊、水库等，设定的断面（点位）要具有

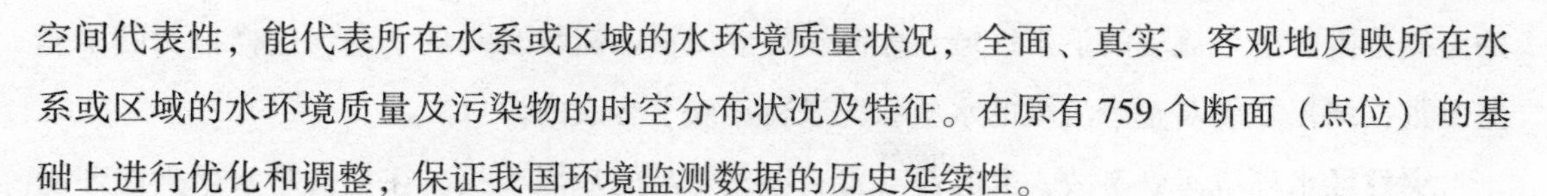

空间代表性，能代表所在水系或区域的水环境质量状况，全面、真实、客观地反映所在水系或区域的水环境质量及污染物的时空分布状况及特征。在原有759个断面（点位）的基础上进行优化和调整，保证我国环境监测数据的历史延续性。

2. 断面（点位）类型

国控水环境监测断面包括背景断面、对照断面、控制断面、国界断面、省界断面、湖库点位。此外在日供水量≥10万t或服务人口≥30万人的重要饮用水水源地应设置重要饮用水水源地断面（点位）。

3. 覆盖范围

河流：我国主要水系的干流、年径流量在5亿m^3以上的重要一、二级支流，年径流量在3亿m^3以上的国界河流、省界河流、大型水利设施所在水体等。每个断面代表的河长原则上不小于100 km。

湖库：面积在100 km^2（或储水量在10亿m^3以上）的重要湖泊，库容在10亿m^3以上的重要水库以及重要跨国界湖库等。每50～100 km^2应设置一个监测点位，同时空间分布要有代表性。

北方河流、湖库：考虑到我国南、北方水资源的不均衡性，北方地区年径流量或库容较小的重要河流或湖库可酌情设置断面（点位）。

4. 具体要求

对照断面上游2 km内不应有影响水质的直排污染源或排污沟，控制断面应尽可能选在水质均匀的河段。监测断面的设置要具有可达性、取样的便利性，应取消原消减断面，统一设置为控制断面。根据不同原则设置的断面重复时，只设置一个断面。省界断面一般设置在下游省份，由下游省份组织监测。

二、水环境监测方案

（一）基本内容

水环境监测方案应包括以下几个方面的信息：监测目的、监测对象、样品来源、测试项目、数据归纳整理与上报以及保证数据质量的手段与措施。

1. 监测对象和范围

流域监测的目的是要掌握流域水环境质量现状和污染趋势，为流域规划中限期达到目标的监督检查服务，并为流域管理和区域管理的水污染防治监督管理提供依据。因此，它的监测范围为整个流域的汇水区域，监测断面应该覆盖流域80%的水量，这样得到的水质监测数据结果才能对整个流域的水质状况进行正确、客观的评价。

突发性水环境污染事故，尤其是有毒有害化学品的泄漏事故，往往会对水生生态环境造成极大的破坏，并直接威胁人民群众的生命安全。因此，突发性环境污染事故的应急监测是环境监测工作的重要组成部分。应急监测的目的是在已有资料的基础上，迅速查明污染物的种类、污染程度和范围以及污染发展趋势，及时、准确地为决策部门提供处理处置的可靠依据。事故发生后，监测人员应携带必要的简易快速检测器材、采样器材及安全防护装备尽快赶赴现场。根据事故现场的具体情况立即布点采样，利用检测管和便携式监测仪器等快速检测手段鉴别、鉴定污染物的种类，并给出定量或半定量的监测结果。现场无法鉴定或测定的项目应立即将样品送回实验室进行分析。根据监测结果，确定污染程度和可能污染的范围并提出处理处置建议，及时上报有关部门。

洪水期与退水期水质监测的目的是为了掌握洪水期与退水期地表水质的现状和变化趋势，及时准确地为国家环境保护行政主管部门提供可靠信息，以便对可能发生的水污染事故制定相应的处理对策，为保障洪涝区域人民的健康与重建工作提供科学依据。因此其监测范围可根据洪水与退水过程中水体流经区域，把监测重点放在城、镇、村的饮用水水源地（含水井周围），洪涝区城、镇、村的河流和淹没区危险品存放地的周围要加密布点。

2. 监测项目

地表水环境质量、国界河流、锰三角等专项监测主要依据《地表水环境质量标准》（GB 3838-2002）表1中明确的项目；饮用水水源地水质监测根据水源情况（河流、湖库、地下水）依据《地表水环境质量标准》（GB 3838-2002）和《地下水质量标准》（GB/T 14848-2017）来确定。

河流评价项目为水温、pH值、电导率、溶解氧、高锰酸盐指数、五日生化需氧量、氨氮、汞、铅、挥发酚、石油类和流量，共12项。湖库评价项目为水温、pH值、电导率、溶解氧、高锰酸盐指数、五日生化需氧量、氨氮、汞、铅、挥发酚、石油类、总磷、总氮、透明度、叶绿素a和水位，共16项。

地表水国控断面每月的监测项目为《地表水环境质量标准》（GB 3838-2002）中的基本项目。其中，河流监测评价项目为水温、pH值、电导率、溶解氧、高锰酸盐指数、化学需氧量、五日生化需氧量、氨氮、总磷、铜、锌、氟化物、硒、砷、汞、镉、铬（六价）、铅、氰化物、挥发酚、石油类、阴离子表面活性剂、硫化物、粪大肠菌群和流量，共25项。湖库监测评价项目为水温、pH值、电导率、溶解氧、高锰酸盐指数、化学需氧量、五日生化需氧量、氨氮、总磷、总氮、透明度、叶绿素 a、铜、锌、氟化物、硒、砷、汞、镉、铬（六价）、铅、氰化物、挥发酚、石油类、阴离子表面活性剂、硫化物、粪大肠菌群和水位，共 28 项。

饮用水水源地中，地表水的监测项目为《地表水环境质量标准》（GB 3838-2002）中表 1、表 2 及表 3 的前 35 项；地下水的监测项目为 pH 值、总硬度、硫酸盐、氯化物、铁、锰、铜、锌、挥发酚、阴离子表面活性剂、高锰酸盐指数、硝酸盐氮、亚硝酸盐氮、氨氮、氟化物、氰化物、铅、镉、六价铬、汞、砷、硒和总大肠菌群，共 23 项。同时地表水每年按照《地表水环境质量标准》（GB 3838-2002）进行一次 109 项全分析。

3. 采样时间和监测频次

依据不同的水体功能、水文要素和监测目的、监测对象等实际情况，力求以最低的采样频次，取得最有时间代表性的样品，既要满足反映水质状况的要求，又要切实可行。

按照《地表水和污水监测技术规范》（HJ/T 91-2002）中的规定：

（1）饮用水水源地、省（自治区、直辖市）交界断面中需要重点控制的监测断面每月至少采样一次。

（2）国控水系、河流、湖库上的监测断面，逢单月采样一次，全年共六次。

（3）水系的背景断面每年采样一次。受潮汐影响的监测断面的采样，分别在大潮期和小潮期进行。每次采集涨、退潮水样分别测定。涨潮水样应在断面处水面涨平时采样，退潮水样应在水面退平时采样。

（4）如某必测项目连续三年均未检出，且在断面附近确定无新增排放源，而现有污染源排污量未增，每年可采样一次进行测定。一旦检出，或在断面附近有新的排放源或现有污染源有新增排污量，即恢复正常采样。

（5）国控监测断面（或垂线）每月采样一次，在每月 5 日—10 日内进行采样。

（6）遇有特殊自然情况或发生污染事故时，要随时增加采样频次。

（7）在流域污染源限期治理、限期达标排放的计划和流域受纳污染物的总量削减规划中，以及为此所进行的同步监测。

（8）为配合局部小流域的河道整治，及时反映整治的效果，应在一定时期内增加采样频次，具体由整治工程所在地方环境保护行政主管部门制定。

目前常规的地表水和饮用水水源地水质监测频次均为月监测。

4. 数据整理与上报

纸质文件（邮寄传真）、电子件（光盘、邮件）、专用软件直接入库。

（二）重点流域水质监测方案

为了加快推进重点流域水污染综合治理，更好地为环境管理服务，全面及时地为各级人民政府和全社会提供重点流域水质状况，在淮河、海河、辽河、长江、黄河、松花江、珠江、太湖、滇池、巢湖等重点流域全面实施水质月报制度，并通过新闻媒体向社会公布。

1. 月报范围及监测断面布设

重点流域月报的范围是淮河、海河、辽河、长江、黄河、松花江、珠江、太湖、滇池、巢湖等重点流域的573个国控水质监测断面和25个国控湖库的110个点位。

监测断面上设置的采样垂线数与各垂线上的采样点按《环境监测技术规范》的规定执行，待新的《地表水和污水监测技术规范》颁布后，按照新规范执行。

2. 监测项目、监测频次与时间

（1）月报监测与评价项目

河流水质：水温、pH值、电导率、溶解氧、高锰酸盐指数、BOD_5、氨氮、石油类、挥发酚、汞、铅和流量，共12项，其中流量用以分析水质变化趋势。

湖库水质：水温、pH值、电导率、透明度、溶解氧、高锰酸盐指数、BOD_5、氨氮、石油类、总磷、总氮、叶绿素a、挥发酚、汞、铅、水位，共16项（透明度和叶绿素a两项不参加水质类别的判断，参加湖库富营养化状态级别评价；水位用于分析水质变化趋势）。水质评价方法按《地表水环境质量标准》（GB 3838-2002）的规定执行。

（2）监测频次

以上项目每月监测一次。《地表水环境质量标准》（GB 3838-2002）中规定的其他基本项目，按照《环境监测技术规范》要求的频次进行监测。

国控断面以外的省、市控断面由各省、市自行确定监测方案，或按照《地表水和污水监测技术规范》要求进行监测；国务院批准的重点流域水污染防治规划确定的控制断面中的非国控断面，按规划要求实施监测和评价。

（3）监测时间

监测时间为每月1日—10日，逢法定长假日（春节、五一和十一）监测时间可延后，最迟不超过每月15日。

当国控断面所在的河段发生凌汛和结冻、解冻等特殊情况无法采样时，以及河段断流时，对该断面可不进行采样监测，但须上报相应的文字说明。

3. 数据、资料上报要求

（1）上报时间

流域内各监测站于每月 20 日前将当月监测结果报省（自治区、直辖市）环境监测（中心）站，各省（自治区、直辖市）环境监测（中心）站于监测当月 25 日前将本省（自治区、直辖市）的水质监测数据汇总后报中国环境监测总站及流域监测网络中心站。

流域监测网络中心站负责审核各站上报的监测数据并编制流域的水质月报，于当月 30 日前报送中国环境监测总站。评价标准统一采用《地表水环境质量标准》（GB 3838-2002）。

（2）传输内容、方式

重点流域水质月报监测数据的传输格式和方式由中国环境监测总站另行规定。

（三）饮用水水源地水质监测方案

1. 监测目的

为全面开展全国集中式生活饮用水水源地水质监测工作，客观、准确地反映我国集中式饮用水水源水质状况，保障饮用水安全，制订本方案。

2. 监测范围

监测范围为全国 31 个省（自治区、直辖市）辖区内 338 个地级（含地级以上）城市及全国县级行政单位所在城镇，其中，地级（含地级以上）城市有 861 个集中式饮用水水源地。

3. 水源地筛选原则

（1）地级（含地级以上）城市，指行政级别为地级的自治州、盟、地区和行署。

（2）县级行政单位所在城镇水源地，指向县级城市（包括县、旗）主城区（所在地）范围供水的所有集中式饮用水水源。

（3）集中式饮用水水源，只统计在用水源，规划和备用水源不纳入该范围。

（4）各城市（城镇）集中式生活饮用水水源地的年取水总量须大于该城市年生活用水总量的 80%。

4. 采样点位布设

（1）河流：在水厂取水口上游 100 m 附近处设置监测断面；同一河流有多个取水口，且取水口之间无污染源排放口，可在最上游 100 m 处设置监测断面。

（2）湖库：原则上按常规监测点位采样，但每个水源地的监测点位至少应在两个以上。

（3）地下水：在自来水厂的汇水区（加氯前）布设一个监测点位。

（4）河流及湖库采样深度：水面下 0.5 m 处。

5. 监测时间及频次

（1）月监测

各地级（含地级以上）城市环境监测站每月上旬采样监测一次。如遇异常情况，则必须加密采样一次。

（2）季度监测

各县级行政单位所在城镇的集中式生活饮用水水源地由所属地级（含地级以上）城市环境监测站每季度采样监测一次。如遇异常情况，则必须加密采样一次。

（3）全分析

全国县级以上城市（含县所在城镇）的所有集中式生活饮用水水源地应在每年 6 月—7 月进行一次水质全分析监测。

6. 监测指标

（1）地级（含地级以上）城市

地表水饮用水水源地每季度监测《地表水环境质量标准》（GB 3838-2002）表 1 的基本项目（23 项，化学需氧量除外）、表 2 的补充项目（5 项）和表 3 的优选特定项目（33 项），共 61 项。

地表水饮用水水源地每年按照《地表水环境质量标准》（GB 3838-2002）进行一次 109 项全分析。地下水饮用水水源地每年按照《地下水质量标准》（GB/T 14848-2017）进行一次 39 项全分析。

（2）县级行政单位所在城镇

地表水饮用水水源地每季度监测《地表水环境质量标准》（GB 3838-2002）表 1 的基本项目（23 项，化学需氧量除外）、表 2 的补充项目（5 项）和表 3 的优选特定项目（33 项，监测项目及推荐方法详见附表 2），共 61 项。地下水饮用水水源地每季度监测《地下水质量标准》（GB/T 14848-2017）中的 23 项。

地表水饮用水水源地每年按照《地表水环境质量标准》（GB 3838-2002）进行一次 109 项全分析。地下水饮用水水源地每年按照《地下水质量标准》（GB/T 14848-2017）进行一次 39 项全分析。

（3）特征污染物

根据历年全分析结果，集中式生活饮用水水源地凡连续两年检出的有毒有害物质和存在潜在污染风险的指标，应作为特征污染物开展监测。

7. 分析方法

地表水按《地表水环境质量标准》（GB 3838-2002）要求的方法执行，地下水按国家标准《生活饮用水卫生标准检验方法》（GB/T 5750-2006）执行。

8. 评价标准及方法

地表水水源水质评价执行《地表水环境质量标准》（GB 3838-2002）的Ⅲ类标准或对应的标准限值，其中粪大肠菌群和总氮作为参考指标单独评价，不参与总体水质评价；地下水水源水质评价执行《地下水质量标准》（GB/T 14848-2017）的Ⅲ类标准。

水质评价以Ⅲ类水质标准或对应的标准限值为依据，采用单因子评价法。

9. 质量保证

全国城市集中式生活饮用水水源地水质监测工作，原则上由辖区内地级城市环境监测站组织实施监测任务，若不具备监测能力，可委托省站完成监测分析工作（县级城镇监测任务由所属地市级监测站承担）。监测数据实行三级审核制度，监测任务承担单位对监测结果负责，省站对最后上报中国环境监测总站的监测结果负责。

质量保证和质量控制按照《地表水和污水监测技术规范》（HJ/T 91-2002）及《环境水质监测质量保证手册》有关要求执行。

10. 监测数据报送方式及格式

（1）每月监测结果

各地级（含地级以上）城市环境监测站每月向各省（自治区、直辖市）环境监测中心（站）报送当月饮用水水源地水质监测数据，各省（自治区、直辖市）环境监测中心（站）审核后，于当月20日前通过“饮用水水源地月报填报传输系统”将数据报送中国环境监测总站。

（2）每季度监测结果

各县级行政单位所在城镇的集中式生活饮用水水源地水质监测结果由所属地级城市环境监测站每季度向各省（自治区、直辖市）环境监测中心（站）报送，各省（自治区、直辖市）环境监测中心（站）审核后，于该季度最后一个月20日前通过“饮用水水源地月报填报传输系统”将数据报送中国环境监测总站。

（3）全分析监测数据和评价报告

经各省（自治区、直辖市）环境监测部门审核后，于每年10月15日前通过“饮用水水源地月报填报传输系统”报送中国环境监测总站，评价报告报送总站水室FTP服务器（IP地址：11.200.0.101）各省相应目录下。

（4）报送格式

报送监测数据时，若监测值低于检测限，在检测限后加“L”，表1的基本项目检测限应该满足国家地表水Ⅰ类标准值的1/4，至少须满足国家地表水Ⅲ类标准；表2和表3项目检测限须满足标准值的1/4；未监测项目填写“-1”，若水源地未监测取水量填写“0”；超标项目由相关监测站组织核查，并向中国环境监测总站报送超标原因分析。

（四）中俄跨界水体水质联合监测方案

1. 监测目的

为改善中俄两国跨界水体的水质，按照中华人民共和国国家环境保护总局与俄罗斯联邦自然资源部《关于中俄两国跨界水体水质联合监测的谅解备忘录》，在中俄界河已开展的监测工作的基础上，本着“友好、合作、公开”的原则，制订中俄跨界水体黑龙江、乌苏里江、额尔古纳河、绥芬河和兴凯湖水质联合监测计划。

2. 监测内容

（1）监测断面

中俄跨界地表水体联合监测断面见表2-4，每个断面进行水质样品采集和分析。

表2-4　地表水联合监测断面

<table>
<tr><th>断面序号</th><th>界河名称</th><th>断面名称</th><th>承担监测任务单位</th><th>位置</th></tr>
<tr><td>1#</td><td>黑龙江</td><td>黑河下</td><td rowspan="4">中方：黑龙江省环境监测中心站
俄方：远东跨地区水文气象及环境监测局</td><td></td></tr>
<tr><td>2#</td><td>黑龙江</td><td>名山</td><td>名山上1km</td></tr>
<tr><td>3#</td><td>黑龙江</td><td>同江东港</td><td></td></tr>
<tr><td>4#</td><td>乌苏里江</td><td>乌苏镇</td><td>乌苏镇哨所上2km，
卡扎克维切沃上2 km</td></tr>
</table>

续表

断面序号	界河名称	断面名称	承担监测任务单位	位置
5#	兴凯湖	龙王庙	中方：鸡西市环境监测站 俄方：滨海边疆区水文气象及环境监测局	兴凯湖入乌苏里江前
6#	绥芬河	三岔口	中方：牡丹江市环境监测站 俄方：滨海边疆区水文气象及环境监测局	绥芬河中俄边界处
7#	额尔古纳河	嘎洛托	中方：呼伦贝尔市环境监测站 俄方：后贝加尔水文气象及环境监测局	
8#		黑山头		
9#		室韦		

（2）监测项目

①水质监测

水质联合监测项目共40项，详见表2-5。分析方法尽可能采用国际标准分析方法。

表2-5　水质联合监测项目

序号	项目	序号	项目	序号	项目
1	流量	15	汞	29	2，4-T
2	水温	16	镉	30	林丹
3	pH值	17	六价铬	31	苯*
4	溶解氧	18	铅	32	甲苯*
5	高锰酸盐指数	19	挥发酚	33	乙苯*
6	化学需氧量	20	石油类	34	二甲苯*
7	五日生化需氧量	21	阴离子表面活性剂	35	异丙苯*
8	氨氮	22	氯化物	36	氯苯*

续表

序号	项目	序号	项目	序号	项目
9	总磷	23	铁	37	三氯苯 *
10	硝酸盐氮	24	锰	38	六氯苯 *
11	铜	25	2，4-二氯酚	39	硝基苯 *
12	锌	26	三氯酚	40	氯仿 *
13	硒	27	DDT		
14	砷	28	DDE		
注：表中带 * 的项目只对名山、同江东港、乌苏镇三个断面的水样进行分析。					

②底泥监测

底泥联合监测的点位有 5 个，监测项目共 5 项，详见表 2-6 和表 2-7。如果在采水断面周围无法采到底泥样品，则取消此项监测。

表 2-6　底泥采样点位

断面序号	界河名称	断面名称	承担监测任务单位	位置
1#	黑龙江	黑河下	中方：黑龙江省环境监测中心站 俄方：远东跨地区水文气象及环境监测局	
2#	黑龙江	同江东港		
3#	乌苏里江	乌苏镇		乌苏镇哨所上 2km， 卡扎克维切沃上 2 km
4#	绥芬河	三岔口	中方：牡丹江市环境监测站 俄方：滨海边疆区水文气象及环境监测局	
5#	额尔古纳河	黑山头	中方：呼伦贝尔市环境监测站 俄方：后贝加尔水文气象及环境监测局	

表 2-7　底泥联合监测项目

序号	项目
1	砷
2	汞
3	镉
4	铬（六价）
5	铅

（3）监测频次

见表 2-8。

表 2-8　监测频次一览

<table>
<tr><th>断面序号</th><th>界河名称</th><th>断面名称</th><th>水质监测频次和监测时间</th><th>底泥监测频次和监测时间</th></tr>
<tr><td>1#</td><td>黑龙江</td><td>黑河下</td><td rowspan="7">3 次/年
每年 2 月—3 月、6 月和 8 月—9 月</td><td>1 次/年，每年 6 月</td></tr>
<tr><td>2#</td><td>黑龙江</td><td>名山</td><td>—</td></tr>
<tr><td>3#</td><td>黑龙江</td><td>同江东港</td><td>1 次/年，每年 6 月</td></tr>
<tr><td>4#</td><td>乌苏里江</td><td>乌苏镇</td><td>1 次/年，每年 6 月</td></tr>
<tr><td>5#</td><td rowspan="3">额尔古纳河</td><td>嘎洛托</td><td>—</td></tr>
<tr><td>6#</td><td>黑山头</td><td>1 次/年，每年 6 月</td></tr>
<tr><td>7#</td><td>室韦</td><td>—</td></tr>
<tr><td>8#</td><td>兴凯湖</td><td>龙王庙</td><td rowspan="2">2 次/年
每年 2 月—3 月和 8 月—9 月</td><td>—</td></tr>
<tr><td>9#</td><td>绥芬河</td><td>三岔口</td><td>1 次/年，每年 8 月—9 月</td></tr>
</table>

（4）联合监测组织方式

冰封期的监测，中俄双方在指定断面会合，共同在冰上采样；其他时段的监测，双方监测人员共同上船联合采样，中俄双方分别将样品带回实验室分析。

监测用船按照年度由中俄双方轮流提供。流量测定由船只提供方负责，数据共享。

中俄双方采样人员在采样时涉及的边防、海关、检疫等问题分别由中俄双方政府协调解决。

3. 采样方法及质量保证措施

（1）地表水

每个断面按左、中、右 3 条垂线从距水面下 0.5 m 处和距水底上 0.5 m 处进行采样，共采集 6 个样品。除同江东港断面外，其他断面当水深小于 5 m 时，上下层样品可以混合，其他水样不可混合。每个垂线的样品分三部分：

①中方，按照中方的技术规范确定样品量；

②俄方，按照俄方的技术规范确定样品量；

③监督样：2L，双方各 1L，并做铅封。样品保留 20 天。

（2）底泥

在指定断面的左岸和右岸共采集两个底泥样品，分成两份。

①中方，按照中方的技术规范确定样品量；

②俄方，按照俄方的技术规范确定样品量。

水、底泥的取样记录按照中俄双方商定的格式，双方代表在采样表上签字。

为确保监测数据的质量，双方专家在联合监测期间交换质控样品，双方按照各自的国家标准方法进行分析。双方交换各自国家的标准分析方法，共同采取质量控制措施以确保联合监测数据的准确性。

4. 数据交换

完成取样后的 30 天内交换分析结果。如果出现分歧应提交联合监测协调委员会协商解决，协商决定由双方委员会主席以通信方式通过，不另行召集会议。

第二节　水质监测数据的收集与管理

这里所说的水质监测数据是指根据各级环保行政主管部门的年度水环境监测工作计划设定的监测点位（断面）、监测项目、监测频次等，按地表水和污水监测技术规范要求，所获得的数据。在审核待上报的监测数据时，应根据现场采样、样品运输、实验室分析、数据整理、报表填写等过程，认真审核水质监测数据的代表性、准确性、精密性、完整性、可比性，并做到三级审核。目前，国家、省、地市级环境监测站基本都有水质监测数据系统，用来收集和管理辖区内的水质监测数据。下面主要介绍国家地表水环境监测数据传输系统中，水质监测数据的收集与管理的相关要求和规定。

一、数据填报

（一）填报内容及格式

国家地表水环境监测数据传输系统中除水环境监测数据外，还包括测站名称、测站代码、河流名称、河流代码、断面名称、断面代码、控制属性、采样时间、水期代码。水环境监测数据包括河流和湖库水体监测数据。具体如下：

河流：水温、流量、pH 值、电导率、溶解氧、高锰酸盐指数、五日生化需氧量、氨氮、石油类、挥发酚、汞、铅、化学需氧量、总氮、总磷、铜、锌、氟化物、硒、砷、镉、六价铬、氰化物、阴离子表面活性剂、硫化物、粪大肠菌群。

湖库：水温、水位、pH 值、电导率、透明度、溶解氧、高锰酸盐指数、五日生化需氧量、氨氮、石油类、总氮、总磷、叶绿素 a、挥发酚、汞、铅、化学需氧量、铜、锌、氟化物、硒、砷、镉、六价铬、氰化物、阴离子表面活性剂、硫化物、粪大肠菌群。

（二）数据的合法性

所有上报的监测数据必须符合《地表水和污水监测技术规范》（HJ/T 91-2002）的要求，不符合要求的数据不得填表，不得上报，不得录入系统。

（三）数据的有效性

所有上报的监测数据必须是有效值。在依据《地表水和污水监测技术规范》（HJ/T 91-2002）测得的监测数据中，如果发现可疑数据，应结合现场进行分析，找出原因或进行数据检验，若被判为奇异值的应为无效数据。所有被判为无效值的数据不得填表，不得上报，不得录入系统。

（四）特殊数据

无值的代替符：当因河流断流未监测或某项目无监测数据时，须填报“-1”作为无值代替符。在数据统计时不参与数据计算。

（五）检出限的填写

当某项目未检出时，须填写检出限，后加“L”。

检出限要低于《地表水环境质量标准》Ⅰ类标准限值的1/4倍，否则要更换方法，以满足该要求。对有的监测项目的监测方法目前无法满足要求时，可适当放宽，但禁止采用检出限就超标的监测分析方法。对无法满足要求的环境监测站应委托监测或由上一级环境监测站实施监测。

（六）计量单位

各监测项目的浓度计量单位一般采用mg/L。特殊项目的计量单位，如流量：m%；电导率：μS/cm；水位：m；水温：℃；透明度：cm；粪大肠菌群：个/L。填写时须注意，水中汞和叶绿素a浓度的单位都是mg/L，而不是μg/L，填报时容易出错。

数据填报要在规定的时间内完成。通过系统上报的，填报的数据都应进行进一步审核，防止出现错填、漏填和串行（列）填写等错误。

（七）可疑数据的处理

审核时发现可疑的监测数据必须通知地方监测站并进行确认。确信无误后的水质监测数据方可入库。入库后数据不能随意改动，地方站也不能多次上报监测数据入库。如果确认上报数据有误时，须按正常程序以文件形式说明数据的修改理由，并附原始监测数据材料，说明不是人为有意修改数据。无理由和无原始监测数据材料证明时任何人都不得修改已入库的监测数据。

（八）空白格的处理

所填写的监测数据表格不能出现空白格。不能因为某月或某个时间段未监测就不上报数据。未采样监测的断面或项目导致无监测数据的都要填写“-1”。

二、数据审核

对收集到的水质监测数据进行审核是非常必要的步骤，但对数据的审核也是比较困难的。因为汇集到国家或省级环境监测站的数据库系统后水质监测数据量都比较大，也不可能对所有承担监测任务的监测站的整个水质监测过程都十分清楚，如采样方法、检测方法等。虽然如此，也可以通过监测断面、监测项目间的内在联系以及逻辑关系进行审核，找出有疑义的数据，最终通过地方站进一步审核。

对于汇总后的监测数据，应从全局的观点进行审核，既要考虑不同样品间时间和空间的联系，也要考虑同一样品不同监测项目间的相互逻辑关系。

（一）数据的客观规律

环境监测数据是目标环境内在质量的外在表现，它有着自身的规律和稳定性，在审核时，技术人员根据对客观环境的认识和对历年环境监测资料的研究，在一定程度上掌握了客观环境变化的规律，可以利用这些规律对实际环境监测数据进行纵向比较，从而及时发现明显有异于常识的离群数据。比如，一般情况下，背景（对照）断面的各指标的浓度应低于其下游控制断面的各指标的浓度（溶解氧则相反），各指标的浓度时空分布出现反常现象，溶解氧过饱和现象，pH 值超过 6～9 等。当出现上述异常情况时，就应该对数据进行深入分析，以确定数据是否符合实际，并进一步找到隐藏其后的深层次原因。能够说明原因的可认为数据正常，如水体发生富营养化，出现水华时，溶解氧会异常升高，达到过饱和，此时 pH 值超过 9。

叶绿素 a 一般不会超过 1 mg/L，当填报浓度大于 1 时可认定是计量单位搞错了，即填报数据与实际浓度值相差了 1 000 倍。

（二）监测项目间的关联性

同一点位、同一次监测中不同项目的监测结果应与其相互间的关联性相吻合，了解这些关系有助于分析和判断数据的可靠性。

COD_C 与 BOD_5 及高锰酸盐指数之间的关系。同一水样 COD_C 与高锰酸盐指数在测定中所用氧化剂的氧化能力不同，因此决定了 COD_C>高锰酸盐指数；BOD，是在已测得 COD_C 含量的基础上，围绕 BOD_5 预期值进行稀释的，所以 $COD_C>BOD_5$。

三氮与溶解氧的关系。由于环境中的氮循环，一般溶解氧高的水体硝酸盐氮浓度高于氨氮，而亚硝酸盐氮与溶解氧无明显关系。

（三）利用各监测项目之间的逻辑关系

对同一个监测断面的各监测项目之间存在一定的逻辑关系。六价铬浓度不能大于总铬浓度；硝酸盐氮、亚硝酸盐氮和氨氮的各单项浓度不应大于总氮浓度，各单项浓度之和也不应大于总氮浓度；一般情况下，水中溶解氧值不应大于相应水温下的饱和溶解氧值等。充分利用这些关系，可以使数据审核达到事半功倍的效果。

（四）数据填写失误

通过国家地表水环境监测数据传输系统可以自动检查采样日期是否合法；数据监测值是否大于检出上限或者小于检出下限；如果是未检出，则判断最低检出限的一半是否超过Ⅲ类标准值；数据项是否为合法；重金属及有毒有害物质是否超标20%以上等。这些手段可以尽量避免一些数据输入时的操作错误。

第三节　水环境监测技术与质量评价

一、水环境监测技术

（一）概述

水体是指地表被水覆盖地段的自然综合体，它不仅包括水，而且还包括水中的悬浮物、底质和水生生物。对于一个水体的监测分析及综合评价，应该包括水相（水溶液本身）、颗粒物相（悬浮物）、生物相（水生生物）和沉积物相（底质），这样才能得出准确而全面的结论。

关于水的定义，多年来，人们一直认为是能通过0.45pm滤膜的物质。水与悬浮物、底质及水生生物之间所含污染物质会相互传输和迁移，水中污染物可转入底质，底质又会造成水的二次污染。

河流、湖泊、地下水中的化学物质的来源可分为天然和人为污染两个方面。

天然淡水不是单纯的H_2O，它实际是含有多种化学成分的水溶液，地表水和地下水中的天然主要化学成分是Ca^{2+}、Mg^{2+}、Na^+、K^+、SO_4^-、Cl^-、HCO_3^-和SiO_3^{2-}，即所谓八大基本离子。不同水系基体成分浓度差异很大，且一年四季随着气候和地表径流量呈周期性变化，一般是夏季雨多径流量大，各成分浓度较低；冬季枯水期，径流量减少，各成分浓度增加。除此之外，地表水中还含有数十种天然痕量成分（环境天然背景成分）。

人类各种活动向水体排放的污染物质有：

（1）耗氧性污染物：包括有机污染物和无机还原性物质，耗氧有机物和无机还原性物质可用化学耗氧量、高锰酸盐指数、五日生化需氧量等指标来反映其污染程度。

（2）植物营养物：包括含氮、磷、钾、碳的无机污染物、有机污染物，会造成水体富营养化。

（3）痕量有毒有机污染物：如酚、卤代烃、氯代苯、有机氯农药、有机磷农药等。

（4）有毒无机污染物：如氰化物、硫化物、重金属等，这些污染物进入水体，其浓度超过水体本身的自净能力，就会使水质变坏，影响水质的可利用性。

（二）水样类型

为了说明水质，要在规定的时间、地点或特定的时间间隔内测定水的某些参数，如无机物、溶解矿物质、溶解有机物、溶解气体、悬浮物或底部沉积物的浓度。

水质采集技术要随具体情况而定，有些情况只须在某点瞬时采集样品，而有些情况要用复杂的采样设备进行采样。静态水体和流动水体的采样方法不同，应加以区别。瞬时采样和混合采样均适用于静态水体和流动水体，混合采样更适用于静态水体，周期采样和连续采样只适用于流动水体。

1. 瞬时水样

从水体中不连续地随机采集的样品称为瞬时水样。对于组分较稳定的水体，或水体的组分在相当长的时间和相当大的空间范围变化不大时，采集的瞬时样品具有较好的代表性。当水体的组分随时间发生变化，则要在适当的时间间隔内进行瞬时采样，分别进行分析，测出水质的变化程度、频率和周期。

下列情况适用地表水瞬时采样：

（1）流量不固定、所测参数不恒定时（如采用混合样，会因个别样品之间的相互反应掩盖了它们之间的差别）；

（2）水的特性相对稳定；

（3）需要考察可能存在的污染物，或要确定污染物出现的时间；

（4）需要污染物最高值、最低值或变化的数据时；

（5）需要根据较短一段时间内的数据确定水质的变化规律时；

（6）在制订较大范围的采样方案前；

（7）测定某些不稳定的参数，例如溶解气体、余氯、可溶性硫化物、微生物、油类、有机物和 pH 值时。

2. 混合水样

在同一采样点上以流量、时间、体积或以流量为基础，按照已知比例（间歇的或连续的）混合在一起的样品，称为混合样品。

混合样品混合了几个单独样品，可减少监测分析工作量、节约时间、降低试剂损耗。混合水样是提供组分的平均值，为确保混合后数据的正确性；测试成分在水样储存过程中易发生明显变化，则不适用混合水样法，如测定挥发酚、硫化物等。

3. 综合水样

把从不同采样点同时采集的瞬时水样混合为一个样品，称作综合水样。综合水样的采集包括两种情况：在特定位置采集一系列不同深度的水样（纵断面样品）；在特定深度采集一系列不同位置的水样（横截面样品）。综合水样是获得平均浓度的重要方式。

除以上几种水样类型外，还有周期水样、连续水样、大体积水样。

（三）水样采集

1. 基本要求

（1）河流

对开阔河流采样时，应包括下列几个基本点：①用水地点的采样；②污水流入河流后，对充分混合的地点及流入前的地点采样；③支流合流后，对充分混合的地点及混合前的主流与支流地点的采样；④主流分流后地点的选择；⑤根据其他需要设定的采样地点。各采样点原则上应在河流横向及垂向的不同位置采集样品。采样一般选择在采样前至少连续两天晴天，水质较稳定的时间（特殊需要除外）进行。

（2）水库和湖泊

水库和湖泊的采样，由于采样地点和温度的分层现象可引起水质很大的差异。在调查水质状况时，应考虑到成层期与循环期的水质明显不同。了解循环期水质，可布设和采集表层水样；了解成层期水质，应按深度布设及分层采样。在调查水域污染状况时，需要进行综合分析判断，获取有代表性的水样。如在废水流入前、流入后充分混合的地点、用水地点、流出地点等。

2. 水样采集

（1）采样器材

采样器材主要有采样器和水样容器。采样器包括聚乙烯塑料桶、单层采水瓶、直立式采水器、自动采样器。水样容器包括聚乙烯瓶（桶）、硬质玻璃瓶和聚四氟乙烯瓶。聚乙烯瓶一般用于大多数无机物的样品，硬质玻璃瓶用于有机物和生物样品，玻璃瓶或聚四氟乙烯瓶用于微量有机污染物（挥发性有机物）样品。

（2）采样量

在地表水质监测中通常采集瞬时水样。采样量参照规范要求，即考虑重复测定和质量控制的需要的量，并留有余地。

（3）采样方法

在可以直接汲水的场合，可用适当的容器采样，如在桥上等地方用系着绳子的水桶投入水中汲水，要注意不能混入漂浮于水面上的物质；在采集一定深度的水时，可用直立式或有机玻璃采水器。

（4）水样保存

在水样采入或装入容器中后，应按规范要求加入保存剂。

（5）油类采样

采样前先破坏可能存在的油膜，用直立式采水器把玻璃容器安装在采水器的支架中，将其放到 300 mm 深度，边采水边向上提，在到达水面时剩余适当空间（避开油膜）。

3. 注意事项

（1）采样时不可搅动水底的沉积物。

（2）采样时应保证采样点的位置准确，必要时用定位仪（GPS）定位。

（3）认真填写采样记录表。

（4）采样结束前，核对采样方案、记录和水样是否正确，否则补采。

（5）测定油类水样，应在水面至 300 mm 范围内采集柱状水样，并单独采集，全部用于测定，采样瓶不得用采集水样冲洗。

（6）测定溶解氧、生化需氧量和有机污染物等项目时，水样必须注满容器，不留空间，并用水封口。

（7）如果水样中含沉降性固体，如泥沙（黄河）等，应分离除去。分离方法为：将所采水样摇匀后倒入筒形玻璃容器，静置 30 min，将不含降尘性固体但含有悬浮性固体的水样移入盛样容器，并加入保存剂。测定总悬浮物和油类除外。

（8）测定湖库水的化学耗氧量、高锰酸盐指数、叶绿素 a、总氮、总磷时的水样，静置 30 min 后，用吸管一次或几次移取水样，吸管进水尖嘴应插至水样表层 50 mm 以下位置，再加保护剂保存。

（9）测定油类、BOD_5、DO（溶解氧）、硫化物、余氯、粪大肠菌群、悬浮物、挥发性有机物、放射性等项目要单独采样。

（10）降雨与融雪期间地表径流的变化，也是影响水质的因素；在采样时应予以注意，并做好采样记录。

4. 采样记录

样品注入样品瓶后，应按照国家标准《水质采样样品的保存和管理技术规定》（HJ 493-2009）中的有关规定执行。现场记录从采样到结束分析的过程，始终伴随着样品。采样资料至少应该提供以下信息：

（1）测定项目；

（2）水体名称；

（3）地点位置；

（4）采样点；

（5）采样方式；

（6）水位或水流量；

（7）气象条件；

（8）水温；

（9）保存方法；

（10）样品的表观（悬浮物质、沉降物质、颜色等）；

（11）有无臭气；

（12）采样时间；

（13）采样人名称。

（四）保存与运输

1. 变化原因

从水体中取出有代表性的样品到实验室分析测定的时间间隔中，原来的各种平衡可能遭到破坏。贮存在容器中的水样，会在以下三种作用下影响测定效果。

（1）物理作用

光照、温度、静置或震动，敞露或密封等保存条件以及容器的材料都会影响水样的性质。如温度升高或强震动会使得易挥发成分，如氰化物及汞等挥发损失；样品容器内壁能不可逆地吸附或吸收一些有机物或金属化合物等；待测成分从器壁上、悬浮物上溶解出来，导致成分浓度的改变。

（2）化学作用

水样及水样各组分可能发生化学反应，从而改变某些组分的含量与性质。例如，空气中的氧能使 Fe^{2+}、S^{2-}、CN^{-}、Mn^{2+} 等氧化，Cr^{6+} 被还原等；水样从空气中吸收了 CO_2、SO_2、酸性或碱性气体使水样 pH 值发生改变，其结果可能使某些待测成分发生水解、聚合，或沉淀物的溶解、解聚、络合作用。

（3）生物作用

细菌、藻类及其他生物体的新陈代谢会消耗水样中的某些组分，产生一些新的组分，改变一些组分的性质，生物作用会对样品中待测物质如溶解氧、含氮化合物、磷等的含量及浓度产生影响；硝化菌的硝化和反硝化作用，会致使水样中的氨氮、亚硝酸盐氮和硝酸盐氮转化。

2. 容器选择

选择样品容器时应考虑组分之间的相互作用、光分解等因素，还应考虑生物活性。最常遇到的是样品容器清洗不当、容器自身材料对样品的污染和容器壁上的吸附作用。

（1）一般的玻璃瓶在贮存水样时可溶出钠、钙、镁、硅、硼等元素，在测定这些项目时，避免使用玻璃容器。

（2）容器的化学和生物性质应该是惰性的，以防止容器与样品组分发生反应。如测定氟时，水样不能贮存在玻璃瓶中，因为玻璃会与氟发生反应。

（3）对光敏物质可使用棕色玻璃瓶。

（4）一般玻璃瓶用于有机物和生物品种；塑料容器适用于含玻璃主要成分的元素的水样。

（5）待测物吸附在样品容器上也会引起误差，尤其是测定痕量金属；其他待测物如洗涤剂、农药、磷酸盐也会因吸附而引起误差。

3. 贮存方法

（1）充满容器或单独采样

采样时应使样品充满容器，并用瓶盖拧紧，使样品上方没有空隙，防止 Fe^{2+} 被氧化，氰、氨及挥发性有机物的挥发损失。对悬浮物等定容采样保存，并全部用于分析，即可防止样品的分层或吸附在瓶壁上而影响测定结果。

（2）冷藏或冰冻

在大多数情况下，从采集样品后到运输再到实验室期间，在 1～5℃ 冷藏并暗处保存，对样品就足够了。冷藏并不适用长期保存，用于废水保存时间更短。

（3）过滤

采样后，用滤器（聚四氟乙烯滤器、玻璃滤器）过滤样品都可以除去其中的悬浮物、沉淀、藻类及其他微生物。滤器的选择要注意与分析方法相匹配，用前应清洗并避免吸附、吸收损失。因为各种重金属化合物、有机物容易吸附在滤器表面，滤器中的溶解性化合物如表面活性剂会过滤到样品中。一般测有机物项目时选用砂芯漏斗和玻璃纤维漏斗，而在测定无机项目时常用0.45μm有机滤膜过滤。

过滤样品的目的是区分被分析物的可溶性和不可溶性的比例（例如可溶和不可溶金属部分）。

（4）添加保存剂

①控制溶液的pH值

测定金属离子的水样常用硝酸酸化，既可以防止重金属的水解沉淀，又可以防止金属在器壁表面上的吸附，同时还能抑制生物活动；测定氰化物的水样须加氢氧化钠，这是由于多数氰化物活性很强而不稳定，当水样偏酸性时，可产生氰化氢而逸出。

②加入抑制剂

在测酚水样中加入硫酸铜可控制苯酚分解菌的活动。

③加入氧化剂

水样中痕量汞易被还原，引起汞的挥发性损失。实验研究表明，加入硝酸-重铬酸钾溶液可使汞维持在高氧化态，汞的稳定性会大为改善。

④加入还原剂

测定硫化物的水样，加入抗坏血酸对保存有利。

所加入的保存剂有可能改变水中组分的化学或物理性质，因此选用保存剂要考虑对测定项目的影响。如待测项目是溶解态物质，酸化会引起胶体组分和固体的溶解，则必须在过滤后再酸化保存。

必须做保存剂空白试验，并对结果加以校正。特别时对微量元素的检测。

4. 有效保存期

水样的有效保存期的长短依赖于以下各因素。

（1）待测物的物理化学性质

稳定性好的成分，保存期就长，如钾、钠、钙、镁、硫酸盐、氯化物、氟化物等；不稳定的成分，水样保存期就短，甚至不能保存，须取样后立即分析或现场测定，如pH值、电导率、色度应在现场测定，BOD、COD、氨、硝酸盐、酚、氰应尽快分析。

（2）待测物的浓度

一般来说，待测物的浓度高，保存时间长，否则保存时间短。大多数成分在10^{-9}级溶液中，通常是很不稳定的。

（3）水样的化学组成

清洁的水样保存期长，而复杂的生活污水和工业废水保存时间短。

5. 水样的运输

水样采集后，除现场测定项目外，应立即送回实验室。运输前，应将容器的盖子盖紧，同一采样点的样品应装在同一包装箱内，如须分装在两个或几个箱子中时，则须在每个箱内放入相同的现场采样记录表。每个水样瓶须贴上标签，内容有采样点编号、采样日期和时间、测定项目、保存方法及何种保存剂。在运输途中如果水样超出了保质期，样品管理员应对水样进行检测；如果决定仍然进行分析，那么在出报告时，应明确标出采样和分析时间。

（五）指标含义

《地表水环境质量标准》（GB 3838-2002）已发布实施20年之久，是我国地表水环境监测工作的重要依据之一。然而，在我国当前地表水环境监测工作中，还存在对该标准的部分监测指标理解有误以及对相关水样预处理不当的情况。为准确测定地表水水质中污染物的含量，保证地表水监测数据质量，应根据《地表水环境质量标准》（GB 3838-2002）中标准值的编制说明，对所有指标的实际含义进行说明。

1. 地表水采集样品规定

《地表水环境质量标准》（GB 3838-2002）中（以下简称“本标准”）规定的项目标准值，要求水样采集后自然沉降30 min，取上层非沉降部分按规定方法进行分析。

对于某些湖库、河道等地表水体一般不存在可沉降物的情况，建议在采样比对验证无显著影响后，可省略自然沉降步骤。

规定补充说明：由于地表水水质包括水相、颗粒相、生物相和沉积相，且水质的这四种相态在我国地表水体之间差别较大，如黄河的泥沙等，造成监测分析结果和数据的可比性差异很大，因此规定所有地表水水样均采集后自然沉降30 min，取上清液按规定方法进行分析，以尽可能地消除监测分析结果的差异。

2. 铜、锌、铅、镉等17种重金属指标的含义及水样处理

本标准中铜、锌、镉、铁、锰、铅、六价铬、钼、钴、铍、硼、锑、镍、钡、钒、钛及铊等17种重金属元素指标的含义，均指它们在水中可溶态金属含量。

含义补充说明：一个金属元素以可溶解的化合物形式存在，就易于被生物吸收，毒性就大；相反，以难溶盐形式存在，不易被生物吸收，毒性就小。对于可溶性态的金属，以简单络合离子或无机络合物形式存在就比以复杂稳定的络合物毒性要大。所以，了解地表水中可溶性金属要比难溶性金属意义大得多。

要求地表水水样采集后自然沉降30 min，取上层非沉降部分（无沉降可省略）。其中测定六价铬水样单独存放容器，并现场加入NaOH保存；其他金属的水样应尽快通过0.45μm有机微孔滤膜过滤，并将滤液用硝酸酸化至pH=2保存。在实验室测定时，要取酸化过（或碱化过）的混匀水样（包括悬浮物）进行分析。

关于水样过滤须强调以下四点：

（1）要用0.45μm的微孔滤膜过滤，因不同孔径的过滤材料能通过质点的大小是不同的，对测定结果有显著影响。

（2）要立即（或尽快）过滤，因水样存放会导致金属的水解沉淀，或因吸收CO_2等酸性气体而改变了pH值，这会使悬浮颗粒物上的金属解吸，从而改变可溶性金属含量。

（3）水样要先过滤后酸化，不能先酸化后过滤，因先酸化就会使悬浮颗粒物上吸附的金属解吸下来，进入溶液，这样测得的可溶性金属比实际水体中存在的要高。

（4）测可溶性金属不能在过滤前将样品冰冻保存。

3. 砷、汞、硒金属指标的含义及水样处理

本标准的砷、汞、硒项目均指在水体中的总量。总量包括水体中悬浮态、溶解态的有机化合物和无机化合物中的元素含量。

水样采集后自然沉降30 min，取上层非沉降部分（无沉降可省略），水样现场加盐酸酸化保存。在实验室测定时，要取酸化过的混匀水样（包括悬浮物）进行分析测定。

4. 氰化物指标的含义及样品预处理

地表水中的氰化物是指水中游离的氰化物，而不是总氰化物。

游离氰化物在分析测定方法中也称易释放氰化物，指在pH=4的介质中，在硝酸锌存在下加热蒸馏，能形成氰化氢的氰化物，包括简单氰化物和部分络合氰化物。

总氰化物包括无机氰化物和有机氰化物。无机氰化物可分为简单氰化物和络合氰化物，常见的简单氰化物有氰化钾、氰化钠、氰化铵，此类氰化物易溶于水，且毒性大；无

机络合氰化物的毒性比简单氰化物小，然而无机络合氰化物在水中稳定性不尽相同，在水体中受 pH 值、水温和光照等影响会离解为毒性强的简单氰化物。

地表水中一般不含氰化物，如果有氰化物，往往是人类活动所引起的。在我国水环境监测中，地表水和地下水监测氰化物，污水和废水监测总氰化物。

5. 硫酸盐、氯化物、硝酸盐、氟化物项目指标的含义及水样处理

本标准中的硫酸盐、氯化物、硝酸盐、氟化物项目指标，均指水体中溶解态的含量。

硫酸盐、氯化物、硝酸盐在天然水中均以离子形态存在；水样中的氟多以可溶性氟化物形式存在，在悬浮颗粒态的氟常是不可溶的氟化物。

水样采集后，要尽快用 0.45μm 的微孔滤膜过滤后再进行测定。

6. 化学耗氧量、高锰酸盐指数、总磷、总氮项目的水样处理

测定化学耗氧量、高锰酸盐指数、总磷、总氮项目的水样采集后，可送回实验室测定。若水样清澈可直接测定；若水样浑浊可在分析测定前水样静置 30 min 后取上清液测定；含藻类较多的湖库水样，测定前水样除静置外，取水样时还要避开表层悬浮物。

7. 五日生化需氧量、氨氮、氰化物、挥发酚、石油类、阴离子表面活性剂、硫化物、粪大肠菌群以及标准中有机污染物项目的水样处理

五日生化需氧量、氨氮、氰化物、挥发酚、石油类、阴离子表面活性剂、硫化物、粪大肠菌群以及标准中有机污染物项目，按照原有采样和保存方法进行。

水样要求采集后自然沉降 30 min，取上层非沉降部分（或无沉降可省略），现场加入保存剂。在实验室分析测定前将水样（包括悬浮物）摇匀后再进行萃取或蒸馏处理。

8. 水温、pH 值、溶解氧

水温、pH 值、溶解氧项目按照《水质采样样品的保存和管理技术规定》（HJ 493－2009）中的有关规定，建议在采样现场进行测定。

（六）分析方法

随着我国环境保护事业的迅速发展，水质监测分析方法在不断完善，检测仪器逐渐向自动化更新。虽然目前新的检测分析方法不能全部替代旧的方法，但不常用的旧的分析方法可以从少用逐渐过渡到不使用。

根据国家计量部门要求，环境监测实验室检测方法选择原则是首选国家标准分析方法、环境行业标准方法、地方规定方法或其他方法。列出的检测方法的主要思路是：

（1）选项以地表水环境质量监测项目（109 项）为准，基本涵盖了 109 项指标的现有

水质环境监测分析方法。

（2）分析方法选择来源：中国环境标准发布的水环境标准检测方法（最新）、国家生活饮用水标准检验方法、《水和废水监测分析方法》以及其他检测方法。

（3）每个指标的检测分析方法尽量包括不同检测手段的方法，如经典化学分析法、仪器分析法和自动化仪器分析法。

（4）按照选择方法的原则（国标、行标、地标）顺序，建议同一种分析方法尽量使用最新版本，不具备新方法条件的可以使用另外一种分析方法（两种方法灵敏度一致）的较新方法。

二、水环境质量评价

地表水环境质量综合评价工作是环境监测工作最主要的一个环节。综合分析需要应用的科学知识多，涉及的学科领域广，既要掌握数据综合评价模型设计计算等工具，还要有分析、推理、归纳、判断等能力。因此，综合分析能力更能反映出一个监测站的水平。

为了搞好地表水环境综合评价工作，应以全面、系统、准确的环境监测数据为基础，运用科学的数据处理方法、合理适用的评价模式、形象直观的表征手段，以强化环境质量变化原因分析为突破口，全面提高水环境监测综合评价能力。

水环境评价工作要具有正确性、及时性、科学性、可比性和社会性。

（一）分类

地表水环境质量评价可分为以下几部分：

（1）河流、湖泊、水库水质评价。

（2）湖泊、水库营养状态评价。

（3）河流、湖泊、水库水环境质量综合评价。

（4）水环境功能区达标评价。

（5）河流、湖泊、水库水环境质量变化趋势评价及其原因分析。

地表水环境质量评价方法是地表水环境质量综合评价、水环境功能区达标评价、水环境质量变化趋势及其原因分析的基本方法。

地表水环境质量评价的技术流程见图 2-1。

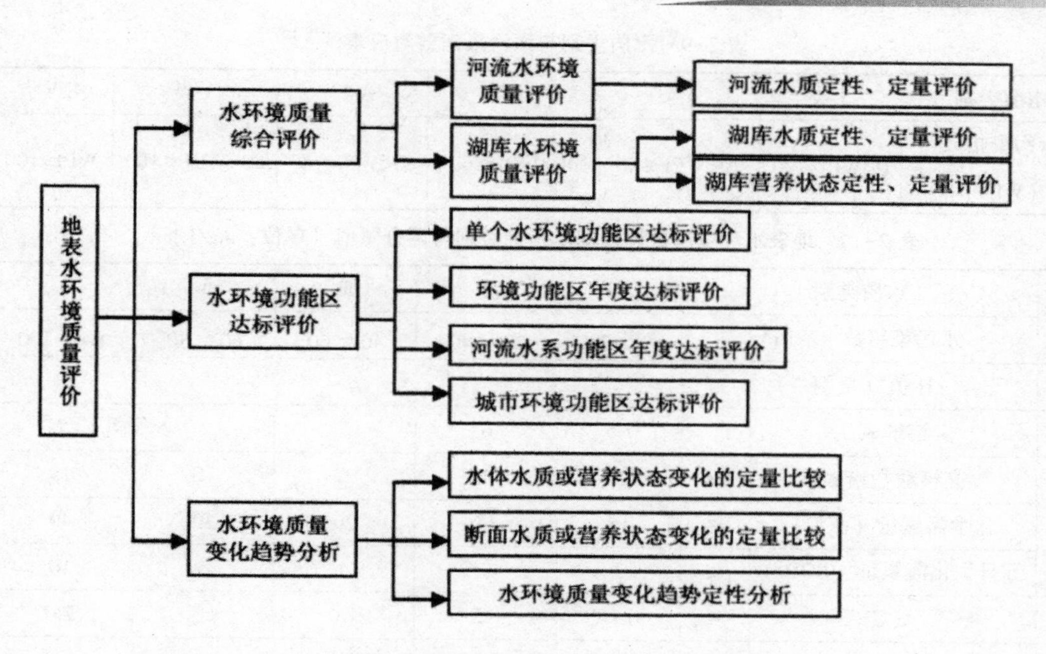

图 2-1　地表水环境质量评价的技术流程图

（二）评价方法

1. 水质评价指标选择

水质月报参与评价的水质指标为：pH 值、溶解氧、高锰酸盐指数、五日生化需氧量、氨氮、汞、铅、挥发酚、石油类。

总氮和总磷作为湖库水体营养状态的评价指标，不作为湖库水质评价指标。总磷仍然作为河流水质评价的指标。

粪大肠菌群作为水体卫生状况和非集中供水水源地水质评价的指标，不参与河流及湖库水质类别评价。

考虑到我国目前常规水环境质量监测频率，水温难以按照周来考核，因此，水温指标不参与评价。

2. 地表水水质综合评分法

为了更加直观地反映水质现状和水质变化趋势，在采用水质类别评价水质的基础上，采用水质综合评分法对水质状况进行定量评价。反映水质状况的定量评价指标称作水质污染指数（WPI）。水质类别与水污染指数的对应关系如表 2-9 所示。地表水环境质量评价基本指标类别与评分限值见表 2-10。

表 2-9　水质类别与水污染指数对应表

水质类别	Ⅰ类	Ⅱ类	Ⅲ类	Ⅳ类	Ⅴ类	劣Ⅴ类
水污染指数（WPT）	0<WPI≤20	20<WPI≤40	40<WPI≤60	60<WPI≤80	80<WPI≤100	WPI>100

表 2-10　地表水环境质量评价基本指标类别与评分限值（单位：mg/L）

序号	水质类别		Ⅰ	Ⅱ	Ⅲ	Ⅳ	Ⅴ
	水污染指数（WPI）		0～20	20～40	40～60	60～80	80～100
1	pH 值（量纲一）		6～9				
2	溶解氧		7.5	6	5	3	2
3	高锰酸盐指数	≥	2	4	6	10	15
4	化学需氧量（COD）	≤	15	15	20	30	40
5	五日生化需氧量（BOD_5）	≤	3	3	4	6	10
6	氨氮	≤	0.15	0.5	1.0	1.5	2.0
7	铜	≤	0.01	1.0	1.0	1.0	1.0
8	锌	≤	0.05	1.0	1.0	2.0	2.0
9	氟化物(以 F^- 计)	≤	1.0	1.0	1.0	1.5	1.5
10	硒	≤	0.01	0.01	0.01	0.02	0.02
11	砷	≤	0.05	0.05	0.05	0.1	0.1
12	汞	≤	0.00005	0.00005	0.0001	0.001	0.001
13	镉	≤	0.001	0.005	0.005	0.005	0.01
14	铬(六价)	≤	0.01	0.05	0.05	0.05	0.1
15	铅	≤	0.01	0.01	0.05	0.05	0.1
16	氰化物	≤	0.005	0.05	0.2	0.2	0.2
17	挥发酚	≤	0.002	0.002	0.005	0.01	0.1
18	石油类	≤	0.05	0.05	0.05	0.5	1.0
19	阴离子表面活性剂	≤	0.2	0.2	0.2	0.3	0.3
20	硫化物	≤	0.05	0.1	0.2	0.5	1.0

水质综合评分法的具体评价方法为：根据各单个水质指标的浓度值，按照表 2-9 规定，用内插方法计算得出断面（或测点）每个参加水质评价项目的水污染指数。单个评价项目水污染指数的计算公式如式（2-1）所示：

$$WPI(i) = WPI_l(i) + \frac{WPI_h(i) - WPI_l(i)}{C_h(i) - C_1(i)} \cdot [C(i) - C_1(i)] \quad C_l(i) < C(i) \leqslant C_h(i) \tag{2-1}$$

式中，$C(i)$ ——第 i 个水质指标的监测值；

$C_i(i)$ ——第 i 个水质指标所在类别标准的下限值；

$C_h(i)$ ——第 i 个水质指标所在类别标准的上限值；

$WPI_i(i)$ ——第 i 个水质指标所在类别标准下限值所对应的水污染指数；

$WPI_h(i)$ ——第 i 个水质指标所在类别标准上限值所对应的水污染指数；

$WPI(i)$ ——第 i 个水质指标所在类别对应的水污染指数。

此外，当 GB 3838-2002 中两个等级的标准值相同时，则按低分数值区间插值计算。

pH 值（属于无量纲值）的计算方法：如果 6≤pH≤9，则取水污染指数 20；pH 值在 0～6 或 9～14 时，采用 100～140 内差，分别按式（2-2）和式（2-3）计算。

$$WPI(pH) = 100 + \frac{140 - 100}{5} \times (6 - pH) \quad 0 < pH < 6 \tag{2-2}$$

$$WPI(pH) = 100 + \frac{140 - 100}{5} \times (pH - 9) \quad 9 < pH < 14 \tag{2-3}$$

溶解氧的计算方法：如果溶解氧监测值 DO≥7.5mg/L，则取水污染指数 20 分；若 DO 大于 2.0 mg/L 且小于 7.5 mg/L，按式（2-4）计算。若 DO 劣于Ⅴ类（<2.0mg/L）时，按式（2-5）计算。

$$WPI(DO) = WPI_i(DO) + \frac{WPI_h(DO) - WPI_i(DO)}{C_1(i) - C_h(i)} \cdot (DO_i - DO)$$

$$2.0mg/L < DO < 7.5mg/L \tag{2-4}$$

$$WPI(DO) = 100 + \frac{2.0 - DO}{2.0} \cdot 40 \quad DO \leqslant 2.0mg/L \tag{2-5}$$

其他水质指标的监测值劣于Ⅴ类时，水污染指数按照式（2-6）进行计算。

$$WPI(i) = 100 + \frac{C(i) - C_5(i)}{C_5(i)} \cdot 40 \quad C(i) \geqslant C_5(i) \tag{2-6}$$

式中：$C_5(i)$ 为 GB 3838-2002 中Ⅴ类标准限值。

根据各单项指标的水污染指数，取其最高水污染指数即为该断面（或垂线）的水质污染指数。水质污染指数计算如式（2-7）所示：

$$WPI = MAX(WPI(i)) \tag{2-7}$$

（三）湖库营养状态评价

湖泊、水库营养状态评价选择指标包括叶绿素 a、总磷、总氮、透明度和高锰酸盐指数。

湖泊、水库营养状态评价针对表层0.5 m水深测点的营养状态指标值进行评价。

根据湖泊、水库营养状态发布的周期，湖泊、水库营养状态评价一般可按照旬、月、水期、季度、年度评价，以季度和年度评价为主。

短期评价（旬报、月报等）时，可采用一次监测的结果进行评价，旬内、月内有多次监测数据时，应先将评价区内所有监测点位的监测值做空间算术平均，再做时间算术平均，再分别对平均结果进行评价。

季度评价、水期评价有2次以上（含2次）的监测数据，先做空间算术平均，再做时间算术平均，再分别对其结果进行营养状态评价。

年度评价应采用6次以上（含6次）的监测数据，先做空间算术平均，再做时间算术平均，再分别对其结果进行营养状态评价。

湖泊、水库营养状态评价方法采用综合营养指数法（TLI）评价。分级方法是采用0～100一系列连续数字对湖泊营养状态进行分级，包括贫营养、中营养、轻度富营养、中度富营养和重度富营养。水体营养化程度与水污染指数以及污染程度定性评价的对应关系如表2-11所示。

表2-11　水质类别与水污染指数对应表

水污染指数TLI（Σ）	营养状态分级	定性评价
0<TLI（Σ）≤30	贫营养	优
30<TLI（Σ）≤50	中营养	良好
50<TLI（Σ）≤60	轻度富营养	轻度污染
60<TLI（Σ）≤70	中度富营养	中度污染
70<TLI（Σ）≤100	重度富营养	重度污染

湖泊、水库综合营养状态指数的计算采用卡尔森指数方法，计算公式如下：

$$TLI(\Sigma)=\sum_{j=1}^{m}W_j\cdot TLI(j) \qquad (2-8)$$

式中：TLI（Σ）——综合营养状态指数；

TLI（j）——第j种参数的营养状态指数；

m——评价参数的个数；

W_j——第j种参数的营养状态指数的相关权重，根据中国湖泊（水库）的chla与其他参数之间的相关关系得到：

叶绿素a（chla）的权重$W_1=0.266$；

总磷（TP）的权重 $W_2=0.188$；

总氮（TN）的权重 $W_3=0.179$；

透明度（SD）的权重 $W_4=0.183$；

高锰酸盐指数（COD_{Mn}）的权重 $W_5=0.183$。

当计算单个指标营养状态指数时，采用如下计算公式：

$TLI(chla)=10(2.5+1.086\ln chla)$

$TLI(TP)=10(9.436+1.624\ln TP)$

$TLI(TN)=10(5.453+1.694\ln TN)$

$TLI(SD)=10(5.118-1.94\ln SD)$

$TLI(COD_{Mn})=10(0.109+2.661\ln COD_{Mn})$

式中，chla 单位为 mg/m^3，SD 单位为 m；其他指标单位均为 mg/L。

（四）水质综合评价

就河流水环境质量而言，河流水质评价结果即被认为是水环境质量评价结果。对于湖泊、水库，须在水质评价的基础上进行营养状态评价，将水质和营养状态两项评价结果进行综合得到水体环境质量。为满足水环境质量状况发布的需要，将地表水环境质量的定性描述等级分为优、良好、轻度污染、中度污染、重度污染五个等级，分别对应的表征颜色为蓝色、绿色、黄色、橙色和红色。

1. 河段、水系水环境质量综合评价

（1）断面水环境质量评价

当监测断面有多个测点时，根据断面水质污染指数（或水质类别），确定水环境质量状况。断面水质污染指数（或水质类别）与水质定性评价分级的对应关系见表 2-12。

表 2-12 断面水质定性评价

水质污染指数（G）	水质定性评价	表征颜色
0<WPI≤40	优	蓝色
40<WPI≤60	良好	绿色
60<WPI≤80	轻度污染	黄色
80<WPI≤100	中度污染	橙色
WPI>100	重度污染	红色

（2）城市河段水质类别

对于城市河段（一般按入境断面、控制断面和出境断面）分别计算出河段内各类断面的水质污染指数（或水质类别）。当比较各个城市河段的水质状况时，可采用平均水质污染指数（或水质类别），即将河段所有断面各个监测项目浓度分别计算算术平均值，其中污染最重的指标所达到的水质污染指数（或水质类别），即为该河段的水质污染指数（或水质类别），然后比较各个河段的水质状况。

（3）河流、水系水质状况评价

当河段、水系的监测断面（垂线）总数在 5 个以上（含 5 个）时，在断面水质分别进行综合污染指数计算的基础上，采用断面水质类别比例法，即根据评价河流、水系中各水质类别的断面数占河流、水系所有评价断面总数的百分比来表征评价河流、水的水质状况，但不作为整体水质类别的评价描述。

评价河流、水系水质类别时，可分干流、支流分别进行。

当河流、水系的断面总数少于 5 个时，河段长度加权平均得到该河段、河流整体的水质状况。

（4）河流、水系水质定性评价

在描述河流、水系整体水质状况时，按照断面类别比例计算出各水质类别所占的百分比。河流、水系水质定性评价分级及比例的对应关系见表 2-13。对于断面数少于 5 个的河流、水系，按表 2-13 直接指出每个断面的水质状况。

表 2-13　河流、水系水质定性评价

断面水质定性比例	水质定性评价	表征颜色
良好以上断面比例≥90%	优	蓝色
75%≤良好以上断面的比例<90%	良好	绿色
良好以上的断面比例≥75%，且重度污染的断面比例<20%	轻度污染	黄色
良好以上的断面比例<75%，且重度污染的断面比例<40%	中度污染	橙色
良好以上的断面比例<60%，或重度污染断面比例≥40%	重度污染	红色

2. 湖泊、水库水环境质量综合评价

（1）湖泊、水库水质评价

湖泊、水库单个测点水质评价，参照河流单个测点的水质评价方法。

当湖泊、水库测点（垂线）总数在 5 个以上（含 5 个）时，在测点（垂线）水质分别进行综合污染指数计算的基础上，采用断面（垂线）水质分级比例法表述湖泊、水库的水质状况，即按照综合水污染指数分为优、良好、轻度污染、中度污染和重度污染五个区段，分别统计所评价湖泊、水库中各测点（垂线）的数目占湖泊、水库所有评价测点（垂线）总数的比例，表征评价湖泊、水库的水质状况。

当湖泊、水库的测点总数少于5个时，可先计算各测点水质的算术平均值，然后计算水质污染指数。

计算多次监测的平均值时，可先按时间序列计算湖（库）各个点位各个污染指标浓度的算术平均值，再按空间序列计算湖（库）所有点位各个污染指标浓度的算术平均值。

大型湖泊、水库可分不同的湖（库）区分别进行评价。

（2）湖泊、水库营养状态评价

对于单个测点，计算得到表层0.5 m水深测点的营养状态评分值。

当湖泊（湖区）、水库有5个以上（含5个）测点时，在测点营养状态评分值的计算基础上，采用营养状态分级统计比例法表述湖泊、水库的营养状况。即按照综合水污染指数分为贫营养、中营养、轻度富营养、中度富营养和重度富营养五个区段，分别统计所评价各测点的数目占湖泊、水库所有评价测点总数的比例，表征所评价的湖泊、水库的营养状态。

当湖泊、水库的测点总数少于5个时，则先计算各测点单因子营养状态指标的算术平均值，然后计算综合营养状态评分值。

（3）湖泊、水库测点水环境质量综合评价

综合测点水质污染指数和营养状态值得到湖泊、水库水环境质量评价结果，见表2-14。

表2-14　湖泊、水库测点水环境质量综合评价

水质评分和营养状态评分	水环境质量定性评价	表征颜色
水质评价为优，且营养状态评分为0～50	优	蓝色
水质评价为良好，且营养状态评分为0～50	良好	绿色
水质评价为轻度污染，或营养状态评分为50～60	轻度污染	黄色
水质评价为中度污染，或营养状态评分为60～70	中度污染	橙色
水质评价为重度污染，或营养状态评分为70～100	重度污染	红色

（4）湖泊（湖区）、水库整体水环境质量状况

在描述湖泊、水库整体水环境质量状况时，按照湖泊、水库测点的分级计算出各级别所占的百分比。湖泊、水库综合评价及分级比例的对应关系见表2-15。对于测点数少于5

个的湖泊、水库，按表 2-14 直接指出每个测点的水质状况。

表 2-15 湖泊（湖区）、水库水环境质量综合评价

水质类别比例和营养状态	水环境质量定性评价	表征颜色
水质评价为优，且中营养以上的测点比例≥90%	优	蓝色
水质评价为良好，且中营养以上测点的比例≥75%	良好	绿色
水质评价为轻度污染，或轻富营养以上测点的比例≥75%	轻度污染	黄色
水质评价为中度污染，或中度富营养以上测点的比例>75%	中度污染	橙色
水质评价为重度污染，或重度富营养测点的比例≥25%	重度污染	红色

3. 地表水环境质量达到良好以上级别的比例

地表水水质达到良好以上级别（水污染指数小于 60 分）的断面占总监测次数或河流、水系的比例。主要用于不同行政区、河流、湖泊、水库间的水质比较。

（1）断面（测点）、河段（湖区）达到良好以上级别的测次百分率（%）

对单个监测断面（测点）或河段（湖区）而言，在多次监测中断面（测点）或河段（湖区）水质达到良好以上级别的监测次数占总监测次数的百分比的计算方法如式（2-9）所示：

$$达到良好以上测次的百分率 = \frac{达到良好以上级别测次数}{总监测次数} \times 100\% \qquad (2-9)$$

（2）河流、水系（或湖泊、水库）达到良好以上级别的百分率（%）

对同一评价时段，比较不同河流、水系（或湖泊、水库）水质达标情况和空间分布规律，评价方法采用断面比例法，即评价河流、水系（或湖泊、水库）达到良好以上级别的监测断面（测点）数占总监测断面（测点）数的百分比，计算方法如公式（2-10）所示：

$$达到良好以上级别断面的百分率 = \frac{达到良好以上级别监测断面数}{总监测断面数} \times 100\% \qquad (2-10)$$

4. 地表水属重度污染水体的百分率比较

地表水水质重度污染（水污染指数超过 100 分）的断面占总测次或河流、水系的比例。主要用于不同行政区、河流、湖泊、水库间的水质比较。

（1）断面（测点）、河段（湖区）重度污染测次的百分率（%）

对单个监测断面（测点）或河段（湖区）而言，在多次监测中断面（测点）或河段（湖区）重度污染（水污染指数超过 100 分）的次数占总监测次数的百分比。计算方法如公式（2-11）所示：

$$重度污染测次的百分率 = \frac{重度污染的测次数}{总监测次数} \times 100\% \quad (2-11)$$

（2）河流、水系（或湖泊、水库）重污染断面的百分率（%）

对同一评价时段，比较不同河流、水系（或湖泊、水库）水质达标情况和空间分布规律，评价方法采用断面比例法，即评价河流、水系（或湖泊、水库）重度污染（水污染指数超过100分）的断面（测点）数占总监测断面数（测点）的百分比。计算方法如公式（2-12）所示：

$$重度污染断面的百分率 = \frac{重度污染的监测断面数}{总监测断面数} \times 100\% \quad (2-12)$$

5. 主要污染指标的确定

评价时段内，断面（测点）、河段、湖库、水系水质为“优”和“良好”时，或者属于“贫营养”“中营养”和“轻富营养”时，不评价主要污染指标。

（1）主要污染指标的筛选方法

将断面（测点）水质超过Ⅲ类标准的指标按其超标倍数大小排列，取超标倍数最大的前三项为主要污染指标（溶解氧不考虑）。

确定主要污染指标的同时，应在指标后标注该指标浓度最大值超过Ⅲ类水质标准的倍数，即最大超标倍数。对于水温、pH值和溶解氧等指标不计算最大超标倍数，其污染程度视污染源排放特征而定。计算方法如公式（2-13）所示：

$$最大超标倍数 = \frac{某指标的浓度值}{该指标的Ⅲ类水质标准} - 1 \quad (2-13)$$

河流、湖库、水系主要污染指标的确定方法：将水质超过Ⅲ类标准的指标按其断面超标率大小排列，取断面超标率最大的前三项为主要污染指标。计算方法如公式（2-14）所示：

$$断面超标率(\%) = \frac{某评价指标超过Ⅲ类标准的监测断面(点位)个数}{总监测断面(点位)数} \times 100\% \quad (2-14)$$

对于断面（测点）数少于5个的河流、水系，分别说明每个断面（测点）的主要污染指标。

（2）湖泊、水库主要污染指标的确定

如果湖泊、水库水质污染指数大于60，并且富营养化水污染指数小于60，则表明水体污染以化学污染为主，应筛选主要污染指标。

如果湖泊、水库水质污染指数大于60，并且富营养化水污染指数大于60，则表明水体污染的化学污染和富营养化问题同时存在，应主要筛选化学污染指标，同时氮、磷也为主要污染指标。

如果湖泊、水库水质污染指数小于60，并且富营养化水污染指数大于60，则表明水体污染以富营养化为主，且氮、磷为主要污染指标。

第三章 水环境生物监测

第一节 水环境生物监测概况

一、水环境生物监测基础

保护人体健康和生态安全是环境保护的根本宗旨，生物及其多样性是全球生态系统的基础和核心，同时，人与环境间的健康问题首先是人的生物学属性受环境污染影响而产生的健康问题，因此，包括水环境生物监测在内的环境生物监测对环境保护具有非常重要的意义，是环境管理的重要技术支撑。

（一）什么是环境生物监测

“生物监测”是一个广泛使用的词汇，不同的领域、不同的行业有不同的含义和应用，例如，除环境生物监测外，还有劳动卫生人体生物监测、口岸及医学病媒生物监测、林业有害生物监测、灭菌器生物监测等。即使是环境生物监测，不同的国家、不同的学者也有不同的定义，以下是一些教科书的定义。

定义 1：利用生物的组分、个体、种群或群落对环境污染或环境变化所产生的反应，从生物学的角度，为环境质量的监测和评价提供依据，称为生物监测。

定义 2：生物监测是系统地利用生物反应来评价环境的变化，将其信息应用于环境质量控制程序中的一门科学。

根据我国环境监测系统生物监测的实际情况，可从实用的角度对生物监测进行如下定义：生物监测是以生物为对象（例如水体中细菌总数、底栖动物等）或手段（例如用 PCR 技术测藻毒素、用生物发光技术测二噁英等）进行的环境监测。

（二）作为保护对象和作为污染因素的生物

生物作为环境监测的对象时，可以有双重身份，它可以是环境保护的对象，即人体健康和生态系统中生物多样性及生物完整性的保护；同时，它也可以是环境管理控制的污染及外来干扰因素。

生物作为保护对象时，环境生物监测就是要搞清环境中生物对各种环境胁迫的响应是怎样的，这是环境生物监测的核心内容。

生物作为污染或干扰因素时，环境生物监测就是要搞清它们的强度和对环境的负面影响，主要有以下几种类型：

（1）对病原体及其指示生物的监测，属原生性生物污染监测；

（2）对外来生物的监测，属原生性生物污染监测；

（3）对富营养化生物（藻类等）的监测，属次生性生物污染监测。

（三）环境胁迫与生物响应

环境胁迫与生物响应是环境生物监测的核心内容，因此，研究环境生物监测必须搞清环境胁迫和生物响应两个方面的有关内容。

胁迫是指引起生态系统发生变化、产生反应或功能失调的外力、外因或外部刺激。胁迫可分为正向胁迫和逆向胁迫，正向胁迫并不影响生态系统的生存力和可持续力。这种胁迫重复发生，已经成为自然过程的组成部分，许多生态系统依此而维持，如草原上的火烧、潮间带的海浪冲刷等。然而在更为一般的意义上，胁迫通常指给生态系统造成负面效应（退化和转化）的逆向胁迫，主要涉及以下几种：

（1）水生生物等可更新资源的开采（直接影响生态系统中的生物量）；

（2）污染物排放（发生在人类生产生活活动中），如污水、PCB、杀虫剂、重金属、石油及放射性等污染物质的排放，包括点源污染、面源污染等，是环境生物监测重点关注的胁迫因素；

（3）人为的物理重建（有目的地改变土地利用类型），如森林→农田、低地→城市、山谷→人工湖、湿地挤占、河道裁弯取直、水利设施建设等；

（4）外来物种的引入、病原体的污染等生物胁迫因素；

（5）偶然发生的自然或社会事件，如洪水、地震、火山喷发、战争等。

环境胁迫在生命系统组建的各个层次（包括酶-基因等生物大分子、细胞器、细胞、组织、器官、个体、种群、群落、生态系统、景观等微观到宏观的）上都会有相应的响应。其响应的敏感性随着生命系统组建层次从宏观到微观不断增强，响应的速度不断加快（即时间不断减小），而生态关联性在减少。因此，作为短期预警及应急监测敏感指标的开发和筛选可在个体水平以下进行，作为中长期生态预警指标则更适合在种群以上水平筛选。物种是生命存在的基本形式，从兼顾生态关联性及响应敏感性来看，传统生物毒性检测主要定位在种群水平，生物监视主要定位在群落水平上是必需的，这是环境生物监测的基础。

（四）水环境生物监测的内容

按实际工作情况，水环境生物监测的内容主要包括以下四个方面：

（1）水生生物群落监测，主要包括大型底栖无脊椎动物、浮游植物、浮游动物、着生生物、鱼类、高等水生维管束植物，甚至微生物群落的监测；

（2）生态毒理及环境毒理监测，前者以水生生物为受试生物，后者以大小鼠及家兔等哺乳动物为受试生物；

（3）微生物卫生学监测；

（4）生物残毒及生物标志物监测。

水环境生物监测是以生态学、毒理学、卫生学为学科基础，广泛吸收和借鉴现代生物技术的一项应用性技术。

水环境生物监测的监测指标包括结构性指标（例如叶绿素 a 测定）和功能性指标（例如光合效率测定）。

从研究方法来看，水环境生物监测包括被动生物监测和主动生物监测，前者是指对环境中某一区域的生物进行直接的调查和分析；后者是指在清洁地区对监测生物进行标准化培育后，再放置到各监测点上，克服了被动监测中的问题，易于规范化，可比性强，监测结果可靠。实际上，这反映了观测科学与实验科学的区别。类似的，人工基质采样、微宇宙试验等都具有主动监测的特性。

（五）生物监测的特点及其在环境监测中的地位

生物监测具有直观性、综合性、累积性、先导性的特点，同时还具有区域性、定量-半定量的特点，是环境监测的重要组成部分。

生物指标是响应指标，水化学指标是胁迫指标，因此生物监测和理化监测同等重要，不应对立分割，是一个事物的两个方面，是两条都不能缺少的“腿”。

生物监测与化学、物理监测三位一体，相互借鉴，全面反映环境质量、服务环境管理。生物监测要重点着眼于其独有的综合毒性和生物完整性指标。

过去往往认为生物指标是理化指标的补充和佐证，这些都是片面的，需要重新认识和定位。

水环境生物监测在环境质量监测、污染源监测、应急监测、预警监测、专项调查监测等环境监测的各个方面都具有广泛的应用前景。

二、当前我国水环境管理对生物监测的需求

当前，环境管理已进入了总量管理、流域管理、风险管理、生态管理的时代，迫切需要生物监测等新的技术手段的支撑。

在总量管理中，随着污染物减排的落实，管理者迫切需要了解减排的生态效应是怎样的，为此，水环境生物监测可以大显身手。

在流域管理中，“一湖一策、一河一策”政策及流域水生态功能分区的实施，离不开水环境生物监测提供具有水体生态特征的生物学信息。

在风险管理中，须快速响应的应急与短期预警须水环境生物监测提供综合生物毒性的信息，中长期预警也须水环境生物监测提供水生生物群落演替的信息，同样，风险评价须了解污染物的污染水平与生物效应的关系，也是生物监测应用的领域。

在生态管理中，随着水质目标管理向生态目标管理的转变，生物学指标将纳入管理目标成为管理指标体系的重要组成部分，水环境生物监测将成为环境监测的主要内容。

三、我国水环境生物监测的发展方向

（一）我国水环境生物监测的发展方向

1. 宗旨：保障生态安全和人体健康，满足环境管理和社会经济发展的需要。

2. 理念：水环境生物监测以生态学、毒理学、卫生学等学科为基础，充分应用现代技术手段，更新理念，引入“生态系统健康”“生物完整性”“环境胁迫”“全排水毒性”等现代环境生物监测的基本概念，建立环境生物监测技术发展的理论基础。

3. 目标：生物指标是环境实际状况最客观的指示，应建立环境质量管理的生物学目标，确立法律地位，将污染物目标管理转变到生态目标管理上来。

4. 体系：在技术体系中，首先，要以问题为导向，对环境生物评价技术体系进行创新，建立环境生态健康评价及综合毒性评价指标体系、基准及分级管理标准；其次，要以国际发展趋势为导向，对现行环境生物监测方法体系进行革新，建立包括 QA/QC、快速方法等支持系统在内的现代化生物监测方法体系。

5. 应用：要在全面客观反映环境质量及变化趋势、污染源状况及潜在的环境风险方面切实发挥生物监测的应有作用，确立其管理地位。

（二）水环境生物监测要重点关注的核心技术

1. 生物完整性监测与评价

我国地大物博，不同地区生物分布的区系是不同的，因此，不可能建立全国统一的水环境生物评价标准，应在生态地理分区的基础上，建立不同生态地理分区（亚区）的水环境生物评价基准和标准。

IBI 指数是综合性指数，它强调不同生物类群间的综合以及同一生物类群不同指标的综合。水环境生物评价 IBI（生物完整性指数）指标体系的构建，除在上述生态分区的基础上，重点还要关注以下内容。

（1）参考点位的选择

选取无人类干扰或干扰极小的一组样点作为参考点位，例如可考虑水质类别Ⅲ类水以上、滨岸及汇水区植被条件好的样点。但无或极小人类干扰的样点往往很难找到，因此，也可用水生态还未受影响时的历史数据作为参考点位数据，还可借用生态地理条件类似地区的参考点位。即便是上述条件都不具备，也应选取所有调查样点中生态条件最好的一组样点作为参考点位，建立 IBI 综合评价的基础，随着生态条件的恢复，定期重复以上工作对评级基础进行修正，不断接近客观存在的 IBI 综合评价基准。

（2）人类干扰梯度与备选指标关联性分析

根据调查地区的水生态条件、自身生物监测能力及前人与同行的经验，尽可能多地选取有潜在评价价值的候选生物学指标。采用参考点位与受干扰点位的生物监测数据，分别计算各候选生物学指标并进行统计分析，剔除那些变化小、干扰点位与参考点位间差异小的不敏感指标，得到一组对干扰有良好响应的初选指标。

（3）初选指标冗余度分析

对初选指标进行相关性分析，一组指标相关性高，表明其信息有很大的重叠，只要选取其中最能反映当地生态特征及生物学信息的一个指标即可，但要剔除同一组中的其他指标，避免信息重复。最后，得到若干信息相对独立的一组指标，综合这些指标就可构建IBI指数。

（4）基准及分级标准的建立

以参考点位筛选得到的指标值的25%分位数为该指标评价的基准，在此基础上对指数进行等分或非等分分级，对每一指标进行归一化处理，最后对各指标进行平均得到IBI指数值。

2. 综合毒性监测与评价

借鉴EPA全排水毒性指标WET（Whole Effluent Toxicity）、毒性鉴别评价TIE（Toxicity Identification Evaluations）、毒性削减评价TRE（Toxicity Reduction Evaluations）等建立的方法，发展我国水环境管理的综合毒性指标，这需要选择和整合有代表性的水生生物以及急性、亚急性、短期慢性毒性试验指标。要重视QA/QC工作，参与国内外实验室能力验证。

3. 微生物卫生学指标测试

微生物卫生学指标是环境管理的重要指标，其测试应重视无菌操作技能培养、环境设施条件的监控以及通过标准菌株和标准样品进行的质量控制和量值溯源。

第二节　水生生物群落监测

一、水生生物采样方法

（一）水生生物采样工具

1. 通用工具

（1）交通工具：车、船、橡皮艇等。

（2）防护工具：水衩、手套、创可贴、探杆等。

（3）测量工具：温度计、酸度计、溶解氧测定仪、米尺、GPS、测距仪、透明度盘等。

（4）样品收集及固定：剪刀、毛刷、手术刀、白瓷盘、脸盆、塑料水桶、镊子、分样筛、采样瓶、固定液、洗瓶等。

（5）照相器具：照相机或摄像机等。

（6）记录工具：记录纸、防水笔等。

2. 专项工具

着生藻类监测定性采样的专用采样工具包括剪刀、牙刷、手术刀或裁纸刀片。剪刀等用于采集挺水、沉水植物的茎、叶；手术刀或裁纸刀片用于刮取石块、沉木、枯枝上的着生藻类；牙刷用于刷下各种基质上的着生藻类。定量采样目前多使用硅藻计，有专业销售的有机玻璃材质的硅藻计，还可以自制简易的硅藻计，可用木材制作，降低采样成本。硅藻计共有 8 个格子，固定载玻片（26mm×76mm）8 片，采样时可将载玻片插入。聚酯薄膜采样器用0.25 mm 厚的透明、无毒的聚酯薄膜做基质，规格为 4 mm×40 mm，一端打孔，拴绳。

浮游生物监测定性采样采用浮游生物网，呈圆锥形，网口套在铜环上，网底管（有开关）接盛水器。网的本身用尼龙筛绢制成，根据筛绢孔径不同划分网的型号。小型浮游生物用 25 号浮游生物网，网孔 0.064 mm（200 孔/英寸），用于采集藻类、原生动物和轮虫。大型浮游生物用 13 号浮游生物网，网孔 0.112 mm（130 孔/英寸），用于采集枝角类和桡足类。定量采样主要使用定量采水器、浮游生物网。

底栖动物监测定性采样主要有手抄网、踢网、铁锹、彼得森采泥器、三角拖网、分样筛、镊子、毛刷等（采样工具很多，因采样目的而不同）。手抄网用于采集处于游动状态、草丛、枯枝落叶、底泥表层的底栖动物；踢网用于采集底泥中、石缝中、某些隐藏在草丛和落叶中、简易巢穴中的底栖动物；铁锹和彼得森采泥器主要用于采集底泥中的底栖动物。定量采样主要有彼得森采泥器、索伯网、十字采样器、篮式采样器等。篮式采样器规格为直径 18 cm、高 20 cm 的圆柱形铁笼，此笼携带方便，不怕碰撞，用 8 号和 14 号铁丝编织，小孔为 4～6 cm^2，使用时笼底铺一层 40 目的尼龙筛绢，内装长度为 7～9 cm 的卵石，其重量为 6～7 kg。松花江流域监测主要使用篮式采样器，在试点过程中还研制了十字采样器，边长 40 cm，高 20 cm，中间十字分格，分别放入鹅卵石、水草、泥和沙，鹅卵石、水草下面放一层 40 目的尼龙筛绢铺底，泥、沙放入尼龙筛绢制作的网兜里。具体采用哪种采样器要根据当地的实际情况而定。

（二）生境的选择

生物监测方法的建立是以环境生物学理论为基础的。根据监测生物系统的结构水平、监测指示及分析技术等，可以将生物监测的基本方法大致分为四大类，即生态学方法、生理学方法、毒理学方法及生物化学成分分析法。

我们这里就是应用生态学方法，利用指示生物群落结构特征反映水体受污染的情况。

1. 基本概念

（1）生境

生境指生物的个体、种群或群落生活地域的环境，包括必需的生存条件和其他对生物起作用的生态因素。生境是指生态学中环境的概念，生境又称栖息地。生境是由生物和非生物因子综合形成的，而描述一个生物群落的生境时通常只包括非生物的环境。

水生生境很多，基本上可分为单一生境、复合生境。

单一生境：采样点生物栖息环境只有一种类型，如石头、沙子、泥等。

复合生境：采样点生物栖息环境由两种或两种以上的类型构成，如泥-草、泥-沙、泥-石、沙-草、石-草、沙-石-草、泥-石-草-枯枝落叶等。

（2）指示生物

指示生物是对某一环境特征具有某种指示特性的生物，可分为水污染指示生物、大气污染指示生物。

河流的不同污染带，存在表示这一污染带特性的生物。例如，水中存在襀翅目、蜉蝣目稚虫或毛翅目幼虫，水质一般比较清洁；而颤蚓类大量存在或食蚜蝇幼虫出现时，水体一般受到严重的有机物污染。摇蚊幼虫、溞和藻类等浮游生物、水生微型动物、大型底栖无脊椎动物对水体受到的有机物污染具有指示作用。

2. 影响指示生物生存的环境因素

生物的生活依赖环境要素，且受到周围环境的影响。大量研究表明底栖动物在水体中的分布不均匀，但它们的分布还是有规律可循的。了解底栖动物的生存规律，有利于样品的采集工作，应做到“采得到，有代表性，反映客观实际状况”。

（1）影响底栖动物的环境因素

大量研究表明，底栖动物的分布受多种因素影响。这里把主要因素归纳如下：

①物理条件

a. 底质

底质是河流生态系统的重要组成部分，是底栖动物等水生生物依存的基本条件，可提供多样的栖息地环境，对许多水生生物繁殖和产卵等重要阶段能起到关键作用，同时还是底栖动物的避难所和栖息地。底质分矿物底质和有机底质，根据主要底质颗粒的中值粒径大小通常可将河床底质分为七种类型：基岩、漂石（>200 mm）、卵石（20～200 mm）、砾石（2～20 mm）、粗沙（0.2～2 mm）、细沙（0.02～0.2 mm）、浮泥（<0.02 mm，为粉沙和淤泥的混合物），因为此类底质均由不同的矿物质组成，故将其称为矿物底质。苔藓、大型水生植物、木块、树根、有机碎屑以及由大量嫩叶和树枝等构成的障碍物可作为特殊的河床底质类型。此类底质一方面可以作为底栖动物重要的食物来源，另一方面又可创造比矿物底质异质性更高的栖息地，因此被称为有机底质。

研究发现，河床底质的粒径、稳定性对底栖动物的影响极其显著，底栖动物的多样性随底质的粒径增大而发生规律性变化，在浮泥质河床中较高，当变为沙质河床时骤减，继而随着粒径增大而升高，当增至卵石大小且有水生植物生长时达到最多，变为基岩或漂石河床时略有降低。

不同粒径的底质中底栖动物组成及其优势种群不同，每种底质都支持一组特定的底栖动物群。

b. 水深和流速

一般情况下，底栖动物群落的密度和多样性随水深的增加而不断降低，大多数时候，浅水中底栖动物的物种丰度和生物密度最高，敏感种类最多。湖泊因水深不同，底栖动物的群落组成也不同。

流速对底栖动物的现存量和种类影响较大，河流生物群一般可分为急流生物群和缓流生物群，底栖动物群落的物种丰度、EPT 丰度和密度的最大值出现在流速为 0.3～1.2 m/s 的各种底质中。

c. 流量和物理干扰

流量急剧变化和降雨等都会对底栖动物造成干扰，干扰一般会导致底栖动物物种丰富度和密度降低，但一定的干扰可以防止某种物种成为绝对优势种。一般情况下，中等程度的干扰对底栖动物群落比较有利。

d. 泥沙沉积和悬沙

虽然泥沙和悬沙不对生物产生直接的毒性，但通过不同的方式影响底栖动物的生命活动，进而影响群落的组成和丰度。

e. 河宽

研究表明，河宽越窄，物种丰度越大，岸边的生物量要比中央大。

f. 河流级别和流域面积

近年来的研究成果表明，物种丰度与流域面积之间并没有显著关系，大流域的物种丰度不一定比其他地区的小流域要高。甚至流域面积大于 100 平方英里（约 258.999 km^2）

时，二者呈负相关，即河流的流域面积越大，物种丰度越低。

g. 河型与上下游沿程变化

一般来说，季节性河流中的底栖动物的物种丰度要低于常年流水河流，上游河流要比下游平原河流底栖动物组成丰富。

②水化学条件

a. 水温

水温影响溪流的底栖动物群落，尤其是喜温或喜冷生物的生存，所以河流无论是长期大面积受到太阳照射还是受树荫遮掩对河流中的底栖动物组成影响均较大。

b. 溶解氧

氧气是底栖动物的限制因子，溶解氧分布不均，通常水气交界面附近的氧气最丰富，随着深度的增加氧气的含量也逐渐减少。不同的溶解氧含量会养育不同的底栖动物类群。

c. 水质的污染状况

包括生化需氧量、氨、酸碱度、盐度、重金属及其他有毒物质等水质指标的变化均会对底栖动物的群落组成和密度产生影响，敏感的物种消失，耐污种类密度大幅提升，成为绝对的优势种；若污染非常严重，会导致底栖动物全面消失。

③生物条件

水生植物、滨河植物都会对底栖动物的分布产生重要影响，不同底栖动物类群与水生植物的关系表现不同，取决于各类动物的生活习性。一般情况下，底栖动物密度和物种丰富度在水草覆盖的卵石河床中最高，若底质中缺乏必要的附生植物，底栖动物的多样性将大大降低。

④其他条件

纬度和海拔。纬度对底栖动物群的影响研究较少，目前还没有明确的结论。海拔对底栖动物群的影响较大，但影响的结果不一致，因地域不同而有所变化。

（2）影响浮游生物、着生生物的环境因素

①营养盐

营养盐是浮游及着生植物赖以生存的物质基础，营养盐含量的变化对浮游及着生植物种类及数量的变动有很大影响。水体中的生物数量与水中 N、P 的含量存在一定关系。一般认为，浮游及着生植物生长所需的氮、磷的原子个数比近似 16：1，相当于7.2：1的重量比。但同时以藻类为例，若水体中磷的含量过高，则会导致藻类过度繁殖，水体透明度降低，水质变坏，甚至形成水华。赵倩等在蓝藻越冬机理研究中表明，大量的磷元素对蓝藻成为优势种有很大的促进作用。

②气候因子

光照是浮游及着生植物进行光合作用唯一的能量来源。光照强度和光质对浮游及着生植物的光合作用速率影响较大。一般来说，浮游及着生植物的光合作用会随着光照强度的改变而变化。在低光照条件下，光合速率与光强成正比，当光强达到饱和后，光合速率将会保持平稳，如果光强继续增加，则会产生光抑制，浮游及着生植物的光合作用就会下降或停止。然而，强光照对多数藻类的生长有抑制作用，但浮游植物中的蓝藻在生理上对强光有很好的耐受性。

温度是水环境中的重要因子之一，水温的高低影响着水体中动植物的新陈代谢速率。在其他条件适宜的情况下，温度每上升 10℃浮游及着生植物的代谢强度会增加两倍。温度会随着季节的改变而变化，这不仅影响着浮游及着生植物的生长速率和分布，同时也影响着水体对浮游及着生植物的选择，因此，温度可以通过影响浮游及着生植物的生长速率继而影响水体中浮游及着生植物群落结构的变化。

降雨作为气候因子干扰着浮游及着生植物群落的结构、组成及密度等指标，并且受季节周期性变化的影响。在枯水期期间浮游植物的密度显著低于丰水期。

风场对浮游及着生植物的影响很大，主要是影响浮游及着生植物在水体中的迁移。在富营养化或污染严重的湖泊水层，浮游及着生植物随风漂移能够迅速聚集导致水华的发生。有研究认为大约 3m/s 的风速可以使小型湖泊表面水层水平漂移，可促使浮游及着生植物移向湖泊下风向区域。在较大型的湖泊中，风场能引起湖水水平循环，浮游及着生植物最高密集度可出现在中央的循环区。

③生物因子

水生高等植物不仅与浮游、着生植物竞争营养物质和光照，而且还通过分泌化感物质抑制浮游、着生植物的生长繁殖。沉水植物吸收营养物质的能力较浮游、着生植物更强，它们可以通过根系和植株体直接吸收营养盐，降低水体的营养水平，从而抑制它们的生长。与此同时，很多大型水生生物也为一些着生植物提供了着生基质，一些种类利用胶质柄在其表面固着。

部分鱼类以水中的浮游生物及着生植物为主要食物，这是影响种群密度的重要因素之一。同时，浮游动植物之间也有一定的捕食关系，当大量浮游动物繁殖时，对浮游植物大量捕食，势必导致浮游植物数量相应减少。

④其他影响因素

水体的透明度是由水中悬浮颗粒、溶解性有机物、浮游植物的丰度和纯水量共同决定的。生物密度大、水体透明度低，就表明水体具有较高的初级生产力。透明度的高低直接影响着浮游生物的光合作用。同时，水中的溶解氧、酸碱度、化学需氧量及生化需氧量，都是影响不同类型水体中浮游及着生动植物生长的重要因素，具体影响机理还在研究中。

（三）生境评价

生境是生物群落的生存条件，生境多样性是生物群落多样性的基础，生物群落多样性随生境的空间异质性增加而增加。对采样点做生境评价，有利于了解栖息地的环境情况，对评价水质有积极帮助。

1. 生境调查要素

（1）采样点的基本信息

应记录河流或支流名称、调查日期和时间，进行采样点编号并确定其经纬度，注明负责数据质量和完整性的研究人员。

（2）天气条件

应记录调查当天和前几天的天气条件。

（3）河流的总体特征

①河流的类型

应注明河流为冷水性或暖水性。

②河流的时间变化性

如果河流的年内或年际变化（如季节性干涸等）对生物群落具有重要影响，或者河流的潮汐会改变生物群落的结构及功能，应当对其时间变化性加以描述。

③河流的源头

已知的情况下，注明调查河流的发源地，如冰川、山区、湿地或沼泽。

④环境压力要素

土地利用类型：应注明该水域主要的土地利用类型，以及其他可能影响水质的土地利用类型。可考虑采用土地利用图精确标注该信息。

非点源污染：应注明该水域分散的农业及城区污染物排放以及其他可能影响水质的危害因子，包括养殖场、人工湿地、化粪池系统、水坝和水库、矿井渗漏等。

流域侵蚀：应注明该水域是否存在或可能存在土壤流失，通过对水域及河流特征的观

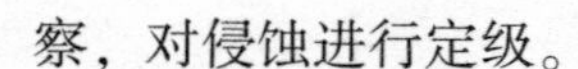

察，对侵蚀进行定级。

⑤河岸植被

典型的河岸带要包括河流两岸至少 18 m 的缓冲带。在调查过程中，可根据实际情况进行调整，并在已知的情况下，记录河岸带的优势植被类型及物种。

应该调查的河段特征如下：

河长：测量或估计调查河段的长度。若调查河段长度不一，该信息极为重要。

河宽：估计调查河段典型横断面的两岸距离。若宽度不同，则采用平均值。

河段面积：将调查河段的河长乘以河宽，即可估算出河段面积。

水深：估计代表性测点自水面至河底的垂直距离，即可计算平均深度。

流速：在代表性区域测量水体表面流速。若未测量流速，以慢、中、快来估计。

林冠盖度：要注明开阔区与覆盖区的大体比例，可用密度计代替肉眼估测。

高水位线：估测河岸丰水期边缘至最高溢流水位的垂直距离。

渠道化：观察调查河段或站位周围是否有过疏浚。

水坝：观察河段或站位下游是否修筑水坝；如果有，应记录水流变化的相关信息。

⑥水生植物

观察水生植物的大体类型和相对优势度，仅对水生植物的范围进行估测。可在已知的情况下，列出水生植物的种类。

⑦常规水体环境

温度、电导率、溶解氧、pH 值、浑浊度：采用经过校准的便携式水质监测仪器，测量并记录每项水质参数表征值，注明使用的仪器类型和数量单位。如果有例行监测的数据也可直接引用。

水体气味：应注明调查区域内河水的相关气味描述。

表层油污：应描述水体表层的油污量。

浑浊度：若未直接测量浑浊度，可根据观察，描述河水悬浮物数量。

⑧常规沉积环境

沉积物的气味：应注明调查区域内沉积物的相关气味描述。

沉积物的油污：应描述调查区域内沉积物的油污量。

沉积物的组成：应观察调查河段出现的沉积物；同时，应注明陷入沉积物的岩石底部是否为黑色（通常指示低溶氧或厌氧环境）。

2. 生境状态评价

选择调查站位内100 m河段（或其他指定河长，如30～40倍河宽），通过目测，对调查河段的所有评价参数进行评分。评价参数由10个指标构成，包括底质、栖息地复杂性、流速-深度结合特性、河岸稳定性、河道变化、河水水量状况、植被多样性、水质状况、人类活动强度、河岸土地利用类型，评分范围为0～20（最高值）。将分数累加，并与参照环境比较，可得到最终的栖息地等级。为确保评价程序的一致性，评分时应参照评分表中所描述的物理参数及相应标准。

进行生境状态评价时，应注意以下问题：①近距离观察栖息地的特征，以便充分评价；②避免干扰采样栖息地；③至少由两人共同完成栖息地评价。

3. 记录

填写河流栖息地环境调查数据表和河流栖息地评价数据表，并勾画调查河段简图，以箭头标明水流方向。

（四）采样点位的选择

1. 前期准备

采样前要进行必要的准备，除了必需的器材外，还要先查阅相关的地图，对采样断面附近的水域做全面了解，包括河道弯曲度、纬度、周围的人为干扰情况、河岸的土地利用类型等；如果可能，还可以提前进行实地踏勘，并通过向导（如渔民或知情者）了解断面的底质、水深、江水涨落情况等自然条件，底栖动物的种类、分布、昆虫羽化时间等相关情况，这将有利于采集工作的顺利完成。

2. 采样点的选取原则

野外采样要遵循代表性和客观性的原则，所谓代表性即具有典型水域特征的地区和地带；客观性即能够真实反映采样点的状况。通常布设断面要考虑底质、水深、流速、水体受污染的情况、水生高等植物的组成等影响水生生物生存的各种因素。定性采样主要有以下几点：

（1）尽量采集石头、沉水植物、沙子、草丛、底泥等各种生境。

单一生境采样采用梅花布点、一字布点，还可以采用“S”形布点，样方的大小视环境而定；复合生境采样要考虑生境、水深、流速等要素进行布点。

（2）尽量采集不同深度的样品，如，0～20cm，20～50cm，50～100cm，大于100cm。

（3）尽量采集不同流速的样品，如主流（可涉）、浅滩、回水湾。

（4）采样范围在断面上下 100 m，每个断面需要采集至少 3 个样点，最好代表不同的生境。可涉河流采样人员要下水，采集不同的基质；大河要左右岸采样。

（5）要有分层采样的概念，按照水体的透明度来定，透明度以上、以下的都应该采集，尤其是大河（不可涉河流）。

定量采样主要选择采样断面上下一定范围内生境最好的点位，以便呈现出水质最佳的状态。

3. 采样频率

根据不同的研究需要进行，要考虑生物的习性，比如昆虫的羽化时间等。

二、水生生物分类鉴定

（一）浮游生物

浮游生物是指悬浮在水体中的生物，它们多数个体小，游泳能力弱或完全没有游泳能力。浮游生物可划分为浮游植物和浮游动物两大类。在淡水中，浮游植物主要是藻类，它们以单细胞、群体或丝状体的形式出现。浮游动物主要由原生动物、轮虫、枝角类和桡足类组成。浮游生物是水生食物链的基础，在水生生态系统中占有重要地位。许多浮游生物对环境变化反应敏感，可作为水质的指示生物。

1. 器材

解剖镜、显微镜、解剖针、标本瓶（30～50mL）、浮游生物计数框。

2. 实验室处理

（1）样品浓缩

从野外采集并经固定的水样，带回实验室后必须进一步沉淀浓缩。为避免损失，样品不要多次转移。水样直接静置沉淀 24 h 后，用虹吸管小心抽掉上清液，余下 20～25 mL 沉淀物转入 30 mL 定量瓶中。为减少标本损失，再用上清液少许冲洗容器几次，冲洗液加到 30 mL 定量瓶中。

（2）样品鉴定、计数

个体计数仍是目前常用的浮游生物定量方法。计数浮游动物时，要将样品充分摇匀，将样品置于计数框内，在显微镜或解剖镜下进行计数。常用计数框容量有 0.1 mL、1mL、5mL 和 8mL 四种。用定量加样管在水样中部吸液移入计数框内。移入之前要将盖玻片斜盖在计数框上，样品按准确定量注入，在计数框中一边进样，另一边出气，这样可避免气泡产生。注满后把盖玻片移正。计数片子制成后，稍候几分钟，让浮游生物沉至框底，然后计数。不易下沉到框底的生物，则要另行计数，并加到总数之内。

藻类：吸取0.1 mL样品注入0.1 mL计数框，在10×40倍或8×40倍显微镜下计数，藻类计数100个视野。计数两片取其平均值。如两片计数结果个数相差15%以上，则进行第三片计数，取其中个数相近两片的平均值。

也可采用长条计数法，选取两相邻刻度从计数框的左边一直计数到计数框的右边称为一个长条。与下沿刻度相交的个体，不计数在内，与上、下沿刻度都相交的个体，以生物体的中心位置作为判断标准；也可在低倍镜下，按上述原则单独计数，最后加入总数之中。一般计数三条，即第2、5、8条，若藻体数量太少，则应全片计数。硅藻细胞破壳不计数。

若计数种属的组成，分类计数200个藻体以上，用画“正”字的方法，则每画代表一个个体，记录每个种属的个体数。参照《中国淡水藻类》进行鉴定。

原生动物的计数：吸取0.1 mL样品注入0.1 mL计数框，在10×40倍或8×40倍显微镜下计数，全片计数。轮虫则取1 mL注入1 mL计数框内，在10×8倍显微镜下全片计数。以上各类均计数两片取其平均值。如两片计数结果个数相差15%以上，则进行第三片计数，取其中个数相近两片的平均值。参照《中国淡水轮虫志》《淡水微型生物图谱》和《原生动物学》进行鉴定。

甲壳动物的计数：将浓缩样吸取8mL（或5mL），注入计数框，在10×10倍或10×20倍倒置显微镜或显微镜下，计数整个计数框内的个体。亦可将30 mL浓缩样分批按此法计数，再将各次计数相加得到30 mL样的总个体数。参照《中国动物志（淡水枝角类）》《中国动物志（淡水桡足类）》进行鉴定。

3. 数据处理

（1）浮游藻类

计数结果按式（3-1）换算成每升水中浮游植物的数量：

$$N = nA \times V_w / (A_c \times V) \qquad (3-1)$$

式中，N——每升水中浮游植物的数量，个/L；

A——计数框面积，mm^2；

A_c——计数面积，mm^2，即视野面积×视野数或长条计数时，长条长度×参与计数的长条宽度×镜检的长度数；

V_W——1L水样经沉淀浓缩后的样品体积，mL；

V——计数框体积，mL；

n——计数所得的浮游植物的个体数或细胞数。

（2）浮游动物

每升内某计数类群浮游动物个体数 n 可按式（3-2）计算：

$$N = n \times V_1 / \quad (V_2 \times V_3) \tag{3-2}$$

式中，n——计数所得个体数；

V_1——浓缩样体积，mL；

V_2——计数体积，mL；

V_3——采样量，L。

（3）填写记录表

鉴定计数完成，整理出各类群的种类和数量的数据，填写完成数据记录表。

（4）质量控制

实验室须建立、积累和更新自己的系统分类学检索资料库及参考标本库，参考标本要有外部分类学专家确定和签名，要保证其固定剂质量，定期更换。

每一个鉴定出的物种须由第二个分类鉴定员复检确认并做好记录。遇到本实验室无法确认的标本须外送鉴定时，要做好外送的日期、目的地、返还日期和鉴定人的姓名等信息记录。

每个分类鉴定员均须定期参加分类学培训及考核，增强分类技能，确保物种的准确鉴定。

10%的样品进行平行处理，包括种类鉴定，数据统计。用 Bray-Curtis 指数来检验数据的质量，相似度达到 90%。

（二）大型底栖无脊椎动物

大型底栖无脊椎动物，指栖息生活在水体底部淤泥内或石块、砾石的表面或其间隙中，以及附着在水生植物之间的肉眼可见的水生无脊椎动物。一般认为体长超过 2 mm，不能通过 40 目分样筛的种类。它们广泛分布在江、河、湖、水库、海洋和其他各种小水体中。它们包括许多动物门类，主要有水生昆虫、大型甲壳类、软体动物、环节动物、圆形动物、扁形动物以及其他无脊椎动物。

1. 试剂及设备器材

（1）试剂

甘油；

加拿大树胶；

普氏胶：用阿拉伯胶 8 g、蒸馏水 10 mL、水合氯醛 30 g、甘油 7mL、冰醋酸 3 mL 配制而成。配制时，先在烧杯中用蒸馏水溶解阿拉伯胶，置于 80℃恒温水中，用玻璃棒搅动，胶溶后，依次加入其他各物，用玻璃棒搅拌均匀，然后以薄棉过滤即成。

（2）设备器材

分样筛：(40 目，孔径 0.635 mm)、培养皿若干、细吸管若干、尖嘴镊若干、解剖针若干、标本瓶若干、解剖镜、显微镜、普通药物天平、扭力天平。

2. 实验室处理程序

（1）样品的再清洗

通常现场采样的时间安排比较紧凑，经常存在样品就地清洗不彻底的情况。如果样品中还含有淤泥等容易引起水体浑浊的杂质，就会给标本分选带来困难，造成视场不清晰。所以在分选前，还应将样品反复淘、过筛（40 目），直至澄清。一方面，可以去除淤泥，洗净样品；另一方面，可以部分洗脱固定剂，保护分选操作人员的健康（尤其是固定剂为福尔马林溶液时）。清洗用福尔马林溶液固定的样品时，洗液应回收并集中统一处理。

（2）样品的分样

一般而言，较大型的螺、蚌、蜻蜓稚虫等大型底栖无脊椎动物可全部拣出，较小型的摇蚊类、水栖寡毛类等大型底栖无脊椎动物要全部拣出，工作量太大，且没有必要，可进行分样处理。

分样前，应先随机取少量样品镜检观察，根据该样品的生物密度大致预估分样量。分样时，必须将某点所采集到的全部底栖样品充分混合均匀后，按二分法逐级减少取样量（如 1/2 样、1/4 样、1/8 样、1/16 样等），使每份样中的生物个体为 20～50 个。

（3）标本的挑拣

直接用肉眼分选样品，容易造成某些小个体物种（如线虫、仙女虫等）的遗漏，因此最好选用解剖镜。解剖镜下分选时，将样品放入培养皿中加入少量水，使视场内样品舒展开，避免因植物残屑的缠裹掩埋引起底栖动物标本的漏拣。镜选时的放大倍数可根据个人的适宜度调节，放大倍数过高、视野窄，会影响分选效率；放大倍数过低，又容易漏拣部分小个体的生物标本。

用细吸管、尖嘴镊、解剖针等逐份挑拣分样样品，当有形态大小各异的个体拣出时，进行下一份分样挑拣，直至没有新的形态大小各异的个体拣出，可停止挑拣，同时必须保证拣出的标本个数为100个。记录挑拣的分样份数。

如分选过程中发现小个体或罕有生物样品时，应立即单独分装保存，避免与其他大量生物样混杂后遗失。

样品标本的挑拣周期不宜超过两天，且当日工作结束时应将待挑拣样品冷藏保存。

（4）标本的固定与保存

软体动物可用5%甲醛溶液或75%乙醇溶液固定，用75%乙醇溶液保存。

水生昆虫可用5%乙醇溶液固定，数小时后移入75%乙醇溶液中保存。

水栖寡毛类应先放入培养皿中，加入少量清水，并缓缓滴加数滴75%乙醇溶液将虫体麻醉，待其完全舒展伸直后，再用5%甲醛溶液固定，用75%乙醇溶液保存。

上述固定和保存液的体积应为所固定动物体积的10倍以上，否则应在2～3天后更换一次。

（5）标本的物种鉴别

根据实验室积累的系统分类学检索资料及参考标本进行物种检索分类和参考标本实物比对，标本的物种鉴别尽可能到属种，不能到种的也尽可能区分为不同的种。

底栖动物标本的鉴定多因缺乏系统的资料而有较大难度。水生昆虫幼虫，例如摇蚊幼虫，要确切鉴定到种，须有生活史资料，应以成虫为根据，这需要进行幼虫的培养。摇蚊幼虫（以及其他水生昆虫幼虫或稚虫）皆以末龄期的形态为种的依据。水栖寡毛类中的颤蚓种类，只有成熟时（形成环带）才能识别。

通常，水生昆虫除摇蚊科及其他少数科属外，皆可在解剖镜下鉴定到属，在低倍镜下确定目、科，在高倍镜下对照资料鉴定到属。摇蚊科幼虫主要依据头部口器结构的差异来定属、种，并须制片，用甘油透明观察。优势种类或其他因有异议而需要观察和研究的种类，可用Puris胶封片，可保存1～3年。

（6）标本物种的结果统计

每个采样点所采得的底栖动物应按不同种类准确地统计个体数，在标本已有损坏的情况下，一般只统计头部，不统计零散的腹部、附肢等。

每个采样点所采得的底栖动物应按不同种类准确地称重。软体动物可用普通药物天平称重，水生昆虫和水栖寡毛类应用扭力天平称重。待称重的样品必须符合下列要求：

已固定10天以上；

没有附着的淤泥杂质；

标本表面的水分已用吸水纸吸干；

软体动物外套腔内的水分已从外面吸干；

软体动物的贝壳没有弃掉。

(7) 标本的标注和记录

标本标注应包括以下内容：

标本的名称、学名及门类；

采样时间及地点；

标本编号；

固定剂成分；

鉴定日期；

鉴定及确认人员签名等。

3. 结果表达

应分析软体动物、水生昆虫和水栖寡毛类的种类组成，按分类系统列出名录表，并标明物种密度和生物量，同时统计总的及各大类群大型底栖无脊椎动物分类单元数、总物种密度、总生物量等。

4. 质量保证和质量控制

(1) 标本挑拣

在挑拣完剩余的残渣中，质控员对每个挑拣人员选取10%的分样抽检，如质控员挑拣出的标本数小于挑拣人员挑出标本数的10%，则该份样品合格；否则，进行第二次抽检，如仍不合格，则该样品须重新挑拣。

实验室挑拣工作完成后，所有挑拣工具须进行彻底清洗检查，将残留在其中的标本放入相应的标本收集容器中。

(2) 标本鉴定

实验室须建立、积累和更新自己的系统分类学检索资料库及参考标本库，参考标本要有外部分类学专家的确定和签名，要保证其固定剂质量，定期更换。

每一个鉴定出的物种须由第二个分类鉴定员复检确认并做好记录。遇到本实验室无法确认的标本须外送鉴定时，要做好外送的日期、目的地、返还日期和鉴定人的姓名等信息记录。

每个分类鉴定员均须定期参加分类学培训及考核，增强分类技能，确保物种的准确鉴定。

（三）鱼类

在水生食物链中，鱼类代表着最高营养水平。凡能改变浮游生物和大型无脊椎动物生态平衡的水质因素，也可能改变鱼类种群。因此，鱼类的状况是水的总体质量作用的结果。此外，由于鱼类和无脊椎动物的生理特点不同，对某些毒物的敏感性也不同。尽管某些污染物对低等生物可能不引起明显的变化，但鱼类却可能受到影响。因此，鱼类的生物调查对于环境监测具有十分重要的意义。

1．器材及试剂

体式显微镜、光学显微镜、拖网、围网、刺网、撒网、电子捕鱼器、镊子、搪瓷盘、放大镜、电子天平、5%～10%福尔马林溶液。

2．采样

根据不同情况可通过以下三种方法采集鱼类样品：

（1）结合渔业生产捕捞鱼类样品。

（2）从鱼市购买鱼类样品，但一定要了解其捕捞水域的基本情况。

（3）对非渔业区域可根据监测工作需要进行专门捕捞采集，根据水域的不同分类可采用不同的捕捞方法进行鱼样采集，具体捕捞采集方法如下：

①拖网类：适于在底质平坦的水域使用。

②围网类：捕捞中、上层鱼类的效果较好，不受水深和底质限制。

③刺网类：适于捕捞洄游或游动性大的鱼类，不受水文条件的限制，操作简便灵活。

④撒网：是在鱼类密集的地方罩捕鱼类的一种小型网具。这种网具有成本低、轻巧、操作简便的特点，很适于鱼类调查者自备使用。

电子捕鱼器：适于河道、水溪、池塘等小面积水域使用，不受水深和底质限制，很适于鱼类调查者自备使用。

注意事项：

采样时应在采样区域的上下游都设置拦网，采样由下游至上游进行。

在样本区所有采集的鱼（大于 20 mm 的总长度）必须确定种系（或亚种）。确实不能确认种系的标本被保存在标记的含有 5%～10%的福尔马林溶液的瓶中，方便以后化验鉴定。

使用电子捕鱼器采样之前，所有采样成员必须接受训练，包括电气捕鱼的安全防范和由电子捕鱼设备操作的各种程序。每个小组成员必须穿戴长达胸部的防水靴和橡胶手套以隔绝水和电极。电极和伸入网兜中的设备必须是由绝缘材料（如木材、玻璃纤维）制造的。电气捕鱼设备/电极必须配备安全开关功能。现场采样成员不得进入水中，除非电极已从水中取出或电气捕鱼设备已脱离。建议至少两名鱼标本采样成员必须经过心肺复苏技术的培训。

3. 样品的固定与保存

（1）采得的标本应用水洗涤干净，并在鱼的下颌或尾柄上系上带有编号的标签。采集时间、地点、渔具等应随时记录。

（2）标本应置于解剖盘等容器内，矫正体形，撑开鳍条，用5%～10%的福尔马林溶液固定。个体较大的标本，应用注射器往腹腔注射适量的固定液。

（3）标本宜用纱布覆盖，以防表面风干。待标本变硬定型后，移入鱼类标本箱内，用5%～10%的福尔马林溶液保存，用量至少应能淹没鱼体。

（4）对鳞片容易脱落的鱼类，应用纱布包裹以保持标本完整。对小型鱼类，可不必逐一系上标签，将适量的标本连同标签用纱布包裹，保存于标本箱内即可。

4. 实验室处理程序

（1）鱼类形态和内部性状的观测

鱼类形态和内部性状观测项目：体长、体高、体重、头长、吻长、尾柄长、尾柄高、眼径、侧线鳞、背鳍、臀鳍和色彩。

（2）种类鉴定和区系分析

所有标本必须鉴定到种或亚种。鉴定时要根据对鱼体各部位的测量、观察数据等查找检索表。为避免出现同物异名或同名异物，造成混乱，所用名称要求以《中国鱼类检索》鱼类名称为准，如根据文献引用资料，要求注明引用的参考文献，以便汇集时备考，鉴定完的标本，要妥善保存。

每种鱼的观测数据，应进行统计处理，求出各种性状的大小比例及变动范围。

应分析水体中鱼类的种类组成，包括区系组成特点和生态类型，并按分类系统列出名录表。

（3）种群组成分析

重量和数量组成：取出的样品应按种类计数和称重，并计算每种鱼所占的百分比。

主要经济鱼类体长、体重和年龄组成：样品中的主要经济鱼类应逐尾测定体长和称重，同时采集鳞片等年龄材料并逐号进行鉴定。

测定鱼龄主要采用鳞片法：测龄用的鳞片一般取自鱼体中部侧线上方附近的部位，通常取5～6片。取后用清水洗净，夹于两块载玻片之间。鳞片上的环片排列一般为两种类型：一为疏密型，如虹鳟鱼等；另一类为切割型，大部分鲤鱼科鱼类属此类型。疏密型：所谓疏密，在鳞片上的表示就是环片间的距离宽窄不等，宽区和窄区有规律地相间排列，通常把窄区过渡到宽区之间的分界线看作年轮。切割型：环片切割是由于环片群走向不同而造成的，一年中环片间的配置排列大体上都是平行的，但新的一年形成的第一条环片则与上一年形成的若干环片相切割，切割线就是年轮。

5. 质量控制要求

（1）采样时应选择典型区域进行测量，点位的选择应该基于该河流所有生境的特征。采样区域应该远离主支流以及桥梁、航道，减少上游对总体栖息地质量的影响。记录采样点、经度和纬度。进行相同的采样时，每次都要进行栖息地评估和水质量的物理化学特征检测。

（2）所有标本都应贴上相应的标签，按序排列，存放在实验室指定的样品贮藏室中，建立标本库以供将来参考。标本瓶内须加入适量（以将标本完全浸没为宜）的10%的甲醛溶液作为固定剂，同时须定期检查固定剂是否变质，如有变质现象，须及时清理更换新的固定剂。

（3）每一个已鉴定完毕将被保存的标本均须由第二个分类鉴定员复检。复检合格后，须在该标本上贴上相应的标签，标签上要注明鉴定人员的姓名、鉴定日期、标本名称等详细信息。同时鉴定员要将标本的相关信息记录在“分类学鉴定”笔记本上备案。遇到本实验室无法确认的标本须外送到其他实验室进行鉴定时，须记录标本外送的日期和目的地，当标本被返还时，也须记录标本返还日期和鉴定人的姓名。

（4）标本鉴定的详细过程须记录在“标本鉴定”的记录本上，以便追踪标本鉴定分析过程中每一步的进展情况，并及时发现分析过程中的错误。

（5）实验室须建立一个基础的生物分类学资料库，提供一系列分类学参考资料以辅助分类鉴定员更好地完成鉴定工作。同时，每个分类鉴定员均须定期参加分类学培训，增强分类技能，确保能准确鉴定物种。

（6）监测人员要持证上岗，首先要参加上岗证理论考试，理论考试合格后方能上岗。同时进行操作技能考核、培训，考核合格后方能持证上岗，定期进行换证的理论考试、操作技能考核。

6. 数据处理

按实报告各点鱼类组成、各种类密度（单位：尾/m²）、生物量（单位：kg/m²）和丰满度。

丰满度计算见式（3-3）：

$$K = \frac{W \times 10^5}{L^3} \tag{3-3}$$

式中，K——丰满系数或称条件系数；

W——体重，g；

L——体长，cm。

第三节　水中微生物卫生学监测

微生物在自然界中分布最为广泛，可以说是无处不在、无时不有、数量众多。从地表土壤到几百米的地下、几千米的高山，从空气到河流、湖泊及海洋，从动植物体表到体内，以及各种各样极端生境如高温、高盐、高压、极地和缺氧等生境都存在微生物，从而形成了复杂多样的微生物生态系统。

水是一切生命赖以生存的基本条件，作为一种良好的溶剂，可以溶解多种无机物和有机物，满足了微生物的营养需求，因此，水体是除土壤以外微生物栖息的第二大天然场所。淡水和海水两类水体中微生物的种类与数量分布存在很大的差异。水中微生物的含量和种类直接影响水质，同时也能反映水质变化，因而成为水环境监测的重要指标之一。

一、微生物监测的基本知识

微生物是指个体微小、结构简单，肉眼难以看清，需要借助光学显微镜或电子显微镜才能观察到的一切微小生物的总称。它们大多为单细胞，少数为多细胞，还包括一些没有细胞结构的生物。

（一）分类

微生物的种类很多，主要包括细菌、放线菌、支原体、立克次氏体、衣原体、蓝细菌、真菌（酵母菌、霉菌及蕈菌）、原生动物、病毒、类病毒、朊病毒等。根据不同的进化水平和性状上的显著差异，微生物可分为以下三大类群：

1. 非细胞型生物（即分子生物）：病毒、类病毒、朊病毒、拟病毒。

2. 原核生物：细菌、放线菌、蓝细菌（蓝藻、蓝绿藻）、支原体、立克次氏体、衣原体。

3. 真核生物：真菌（丝状真菌——霉菌、酵母菌、大型真菌——蕈菌）、单细胞藻类、原生动物。

目前，我们在环境监测领域主要开展的微生物监测，如细菌总数、总大肠菌群数和粪大肠菌群数等项目均属于原核生物中细菌的范畴。

（二）细菌的细胞结构特点

大多数细菌具有一定的基本细胞形态并保持恒定。形状近圆形的细菌称为球菌；形状近圆柱形的称为杆菌；螺旋形的细菌称为螺旋菌。细胞的形状明显地影响着细菌的行为和其稳定性。例如，球菌，由于是圆形，在干燥时较不易变形，因而它比杆菌和螺旋菌更能经受高度干燥的考验而得以存活。杆菌较球菌每单位体积有较大的表面积，因而比球菌更易从周围环境中摄取营养。螺旋菌呈螺旋式运动，因而较之运动的杆菌受到的阻力要小。

细菌细胞全部的化学组成与动物、植物和其他微生物等所有生物细胞的组成非常相近。细菌细胞的一般结构包括细胞壁、细胞膜、细胞质、间体、核糖体、核质、内含物颗粒。特殊结构有荚膜、鞭毛、伞毛、芽孢。掌握细菌的细胞结构有助于我们对微生物开展显微观测以及对检测原理的理解。

1. 细胞壁

细胞壁是细菌细胞的外壁，较坚韧且略有弹性，具有保护和成型的作用，是细胞的重要结构之一。细胞壁的重量约占细胞重量的10%～20%，各种细菌的壁厚度不等，如金黄色葡萄球菌为15～20 nm、大肠杆菌为10～15nm。用光学显微镜很难观察清细胞壁，可用电子显微镜通过细胞的超薄切片观察。

根据细菌细胞壁结构的区别，可将细菌分为革兰氏阳性菌（G^+）与革兰氏阴性菌（G^-）两大类。革兰氏阳性菌中细胞壁主要由肽聚糖组成，革兰氏阴性菌则主要由脂多糖和蛋白质组成，而且覆盖在肽聚糖层的外面。

2. 细胞膜

细胞膜是细胞质外的一层薄膜，其厚度为5～8 nm。该膜有时亦称为原生质膜或质膜。细胞膜是使细胞的内部同它所处的环境相隔离的最后屏障。细胞膜是选择性膜，在营养的吸收和代谢物的分泌方面具有关键作用，如果膜被弄破，细胞膜的完整性就会受到破坏，将导致细胞死亡。

3. 间体

由于细胞质膜的面积比包围细胞所需要的面积大许多倍，使大量的细胞质膜内陷，因此形成了细菌细胞的间体。它主要起着真核细胞中多种细胞器的作用。革兰氏阳性菌中均有发达的间体，但许多阴性菌中却没有。只在一些具有较强呼吸活性的阴性菌中才有发达的间体，这是为了增加呼吸活性中心。间体数目随菌种而异，枯草芽孢杆菌平均4个，蜡状芽孢杆菌平均6个。

4. 核质

在细菌细胞中有一个或几个核质，其功能是存储、传递和调控遗传信息。核质外面没有核膜，核质中极大部分空间被卷曲的DNA双螺旋所填满。例如，大肠杆菌的细胞约2 μm长，而它的DNA长度是1 000～1 400μm。每个核质可能只有一个单位DNA分子，而且呈环状。由于细菌核质不具核仁、核膜，所以不是真正的核。

5. 内含物颗粒

细菌细胞的细胞质常含有各种颗粒，它们大多为细胞储藏物质，称为内含物颗粒。颗粒的多少随菌龄和培养条件的不同而有很大的变化。其成分为糖类、脂类、含氮化合物及无机物等。这些颗粒物质主要有以下五种：异染颗粒、聚β-羟丁酸颗粒、肝糖、脂肪粒、液泡。

6. 核糖体

在用电子显微镜观察细胞的超薄切片时，常可看见细胞质内有一些小的深色的颗粒，这些颗粒是细胞内合成蛋白质机构的一部分。它们含有的核酸体，由大约60%的核糖核酸和40%的蛋白质组成，直径约为20 nm，其沉降系数为70S。

在完整的细胞中，核糖体常聚结成不同大小的聚合体，称作聚核糖体。但细胞被打碎后，聚核糖体易分开，各个核糖体自由浮动。聚核糖体颗粒间的联键是一个长的RNA分子，称为信使RNA，它在蛋白质合成系统中起着关键作用。

7. 细胞质

除核区以外，包在细胞膜以内的无色、透明、黏稠的胶状物质均为细胞质，细胞质的主要成分为水、蛋白质、核酸、脂类、少量糖和无机盐。细胞质是细胞的内在环境，含有各种酶系统，具有生命活动的所有特征，能使细胞与周围环境不断进行新陈代谢活动。由于细胞质内含有固形物量15%～20%的核糖核酸，所以具有酸性，易为碱性和中性染料着色。但由于老龄细胞中核酸可作为氮源和磷源消耗，所以其着色力不如幼龄细胞强。

（三）特点

微生物除具有生物的共性外，也具有独特的特点，包括：①个体微小，结构简单，比表面积大；②吸收多，转化快；③生长旺，繁殖快；④适应强，易变异；⑤分布广，种类多。正因为具有这些特点，这些微不可见的生物类群才引起了人们的高度重视。

1. 个体微小，结构简单，比表面积大

微生物的个体极其微小，一般以“μm”或“nm”做单位描述。根据常识，把一定体积的物体分割得越小，它们的总表面积就越大。若把某一物体单位体积所占有的表面积称为比表面积，物体体积越小，其比面值就越大。如果把人的比表面积值定为1，则大肠杆菌的比表面积竟然高达30万。在采用高密度细胞发酵时，干细胞量竟达到100g/L。

2. 吸收多，转化快

由于微生物的比表面积大得惊人，所以与外界环境的接触面积特别大，这非常有利于微生物通过体表吸收营养和排泄代谢产物。微生物的这一特性，为其高速生长繁殖和合成大量代谢产物提供了充分的物质基础，从而使微生物能在自然界和人类实践中更好地发挥“超小型活的化工厂”的作用。

3. 生长旺盛，繁殖快

微生物具有极高的生长和繁殖速度。由于营养、空间和代谢产物等条件的限制，微生物的几何级数分裂速度充其量只能维持数小时而已，因而在微生物液体培养过程中，细菌细胞的浓度一般仅达10^8～10^9个/mL。而微生物的这一特性在发酵工业上具有重要意义，可以提高生产效率，缩短发酵周期。此外，其在生物学基础理论研究中的应用也有极大的优越性，因而成为理想的生物研究和实验材料。

4. 适应强，易变异

微生物具有极其灵活的适应性或代谢调节机制，因此对环境条件尤其是地球上那些恶劣的“极端环境”，例如对高温、高盐、高酸、高辐射、高压、低温、高碱或高毒等的惊人适应力，堪称生物界之最。

微生物的个体一般都是单细胞、简单多细胞甚至是非细胞的，它们通常都是单倍体，具有繁殖快、数量多以及与外界环境直接接触等特点，因此即使变异频率十分低（一般为10^{-5}～10^{-10}），也可在短时间内产生出大量变异的后代。

5. 分布广，种类多

微生物因体积小、重量轻和数量多等原因，可以到处传播以致达到“无孔不入”的地

步，只要条件适合，它们就可以“随遇而安”。地球上除了火山中心区域等少数地方外，从土壤圈、水圈、大气圈至岩石圈，到处都有微生物的踪迹。

除了分布广，微生物种类繁多，迄今为止我们所知道的微生物约有10万种，可能是地球上物种最多的一类。微生物的种类即微生物多样性主要体现在物种的多样性、生理代谢类型的多样性、代谢产物的多样性、遗传基因的多样性和生态类型的多样性五个方面。这些特性决定了微生物资源是极其丰富的，目前在人类生产和生活中仅开发利用了已发现微生物种类的1%。

二、水中微生物监测的作用和意义

微生物在自然界的分布极其广泛，土壤、水体、工农业产品和动植物体内外是它们的主要栖息地，空气中也有大量微生物分布，是环境生物的主要组成之一。微生物在自然界物质循环中发挥着至关重要的作用，在整个生态系统中它们主要担负着分解者（还原者）的角色，对生物圈的碳、氮、磷、硫等元素的生物地球化学循环起着关键作用，不仅与生物圈的协调和发展有重大关系，还与农业生产、污染防治和金属矿产的开发利用等密切相关。

微生物细胞与环境接触的直接性和对其反应的敏感性，使微生物成为环境监测中的重要指示生物。当环境受到人、畜污染时，环境中微生物的数量可大量增加。监测环境中的微生物群落（种类、数量），可反映环境污染状况，对于环境质量评价、环境卫生监督等方面具有重要意义。目前，微生物监测工作主要用于水环境质量评价领域。

（一）水中微生物的生态条件

地球表面的70%为各类水体所覆盖。根据形成因素可分为天然水体和人工水体两大类。天然水体包括海洋、江河、湖泊、湿地和泉水等，人工水体包括水库、运河以及各种污水处理系统。不同的水生环境其微生物种类和数量有较大差异，但总体来说水体是适宜微生物生存的主要生态环境之一。

1. 营养状况

水体是一种很好的溶剂，溶解有氮、磷、硫等无机营养和以污水、根叶、动植物尸体以及类似的形式进入水中的有机物质。各种水体的营养状况有很大差异。

2. 温度

各种水体有较大差异，并随着季节等有较大变化。一般淡水在0～36℃，海洋水温在

5℃以下，温泉水温可在70℃以上。

3. 氧气

水体中空气供应较差（氧在水中溶解度较小，易被微生物耗尽），因此，对于微生物生长而言，氧气是水生环境里最重要的限制因子。静水湖泊更为明显，江河水域由于水的流动溶解氧能不断得以补充。

4. pH值

不同水体的pH值变化范围也较大，在3.7～10.5。大多数淡水的pH值为6.5～8.5，适于大多数微生物生长。而在一些酸性和碱性水体中也有相应的微生物类群生长。

（二）水中微生物的来源

水体中的微生物大致来源于以下几个方面：

1. 水体“土著”微生物

水体“土著”微生物是水体中固有的微生物，主要有硫细菌、铁细菌等化能自养菌，光合细菌，蓝细菌，真核藻类以及一些好氧芽孢杆菌等。

2. 来自土壤的微生物

由于水体的冲刷，土壤中的微生物会被带到水体中，主要包括氨化细菌、硝化细菌、硫酸还原菌、芽砲杆菌和霉菌等。

3. 来自空气的微生物

雨雪降落时，会将空气中的微生物带入水体中，主要是由于空气中有许多尘埃。

4. 来自生产和生活的微生物

各种工业废水、农业废水、生活污水、人和动物排泄物和动植物残体等会夹带微生物进入水体，主要包括大肠菌群、肠球菌、各种腐生细菌、梭状芽孢杆菌以及一些致病性微生物，如霍乱弧菌、伤寒杆菌和痢疾杆菌等。

（三）水中微生物的种类、数量和分布

水体中微生物的种类、数量和分布受水体类型、有机物含量、温度及深度等多种因素影响。大气水中一般含微生物较少，主要来源于空气中的尘土。地面水中微生物的数目容易发生巨大变化，既决定于土壤中微生物的数目，也决定于被水分由土壤中溶解出的营养物的种类和数量。微雨的主要结果是增加地面水中细菌的污染，而长期下雨的结果则相反。聚积水体（江河、湖泊、海洋和水库等）可分为很多类型，其微生物种类、数量差异

较大。清洁湖泊、水库中有机物含量少，微生物也少，数量为 10^2 ~ 10^3 个/mL，并以自养型为主，包括铁细菌、硫细菌、光合细菌、蓝细菌、藻类及少量寡营养型的异养细菌。有机物多的湖泊、停滞的池塘、污染的江河水以及下水道的沟水中，有机物含量高，微生物种类和数量都很多，数量为 10^7 ~ 10^8 个/mL，并以异养型腐生菌、真菌和原生动物为多。一般海水含盐量约为 30g/L，因此海洋微生物大多数是耐盐或嗜盐微生物，主要有藻类、假单胞菌、弧菌、黄色杆菌及一些发光细菌等。地下水水体是无菌的，这是由于在水渗入地下时土层过滤掉了大多数微生物和营养物质。

尽管随水体类型不同，微生物的种类和数量有较大差异，但微生物在不同水体（主要指聚积水体）中的分布却有相同或相近的规律。微生物在水体中水平分布主要受有机物含量的影响，一般在沿岸水域有机物较多，微生物的种类和数量也较多。微生物在水体中的垂直分布随深度变化表现出有规律的变化，浅水区（表层水）因阳光充足和溶解氧量大，适宜蓝细菌、光合藻类和好氧微生物生长，而厌氧微生物较少；深水层内好氧微生物较少，厌氧和兼性厌氧微生物增多；水底淤泥中只有一些厌氧菌生长，而在海洋的超深海区，只有少数耐压菌才能生长。

（四）水中微生物监测的作用和意义

开展微生物监测时，一般选择有代表性的一种或一类微生物作为指示微生物；通过对指示微生物的检测，来了解水体是否受过微生物污染。在实际工作中，通常以检验细菌总数、总大肠菌群、粪大肠菌群、大肠埃希氏菌、肠道病毒等作为指示微生物，来间接判断水的卫生学质量。同时，结合高锰酸盐指数、BOD、COD、DO、氨氮及氮磷等理化指标也可以综合反映环境中污染的水平。此外，微生物的生长、繁殖量和其他生理、生化反应也是鉴定微生物生存的环境质量优劣的常用指标。例如，发光细菌利用生物发光监测环境污染是一个既灵敏又有特色的方法。

水环境中的微生物监测方法也利用了微生物与环境接触的直接性和对其反应的敏感性。当自然水体受空气沉降、土壤、工业废水、生活废水及人畜粪便的影响时，水中有机物不断增加，从而促进了水体中微生物的生长及繁殖。我们通过监测水体中特定微生物的数量和种类的变化，即可评价水质状况，反映水质变化趋势，保障水质的卫生安全。

三、微生物监测的基本原理

微生物不论在自然条件下还是在人为条件下发挥作用，都是通过“以数取胜”或

“以量取胜”的。生长和繁殖就是保证微生物获得巨大数量或生物量的必要前提。而微生物监测的主要核心指标是微生物的生物量。因此，监测人员在持证上岗之前，就必须掌握微生物的生长繁殖规律，这是微生物监测的基本原理。

（一）生长与繁殖

一个微生物细胞在合适的外界环境条件下，会不断吸收营养物质，并按其自身的代谢方式不断进行新陈代谢。如果同化（合成）作用的速度超过了异化（分解）作用，则其原生质的总量（重量、体积、大小）就不断增加，于是出现了个体细胞的生长。如果这是一种平衡生长，即各种细胞组分是按恰当比例增长，则达到一定程度后就会引起个体数目的增加。对单细胞的微生物来说，这就是繁殖。不久，原有的个体已经发展成群体。群体中各个个体的进一步生长、繁殖，就引起了这一群体的生长。群体的生长可用其重量、体积、个体浓度或密度等做指标来测定，所以个体和群体间有以下关系：

个体生长→个体繁殖→群体生长

群体生长=个体生长+个体繁殖

事实上，微生物个体细胞的生长时间一般很短，很快就进入繁殖阶段，生长和繁殖实际上很难分开。除特定的目标以外，在微生物的研究和应用中，只有群体的生长才有意义。因此，在微生物学中，凡提到“生长”时，一般均指群体生长。

（二）微生物生长的测定

生长是一个复杂的生命活动过程。微生物细胞从环境中吸取营养物质，经代谢作用合成新的细胞成分，细胞各组成成分有规律地增长，致使菌体重量增加，这就是生长。随着菌体重量的增加，菌体数量也增多，这就进入了繁殖阶段。生长是繁殖的基础，繁殖是生长的结果。

微生物的生长繁殖是其在内外各种环境因素相互作用下生理、代谢等状态的综合反应，因此有关生长繁殖的数据就可作为研究多种生理、生化、遗传及生态等问题的重要指标，也为我们开展微生物工程、有害微生物防治及环境监测提供必要的技术手段。

既然生长意味着原生质含量的增加，所以测定生长的方法也都直接或间接地以此为根据，而测定繁殖则都要建立在计算个体数目这一基础上。

描述微生物生长，对不同的微生物和不同的生长状态可以选取不同的指标。通常对处于旺盛生长期的单细胞微生物，既可选细胞数，又可以选细胞质量作为生长指标，因为此时这两者是成比例的。对于多细胞微生物的生长（以丝状真菌为代表），则通常以菌丝生长长度或者菌丝重量作为生长指标。

常用的测定或估计微生物生长的方法有以下几种。

1. 显微镜计数法

单细胞的微生物，例如细菌，主要采用计数器（又称血球计数板）直接在显微镜下计数。这些计数器的底部都有棋盘式刻度，可以计数一定面积内的菌数。对于能运动的细菌，一般可以设法用4%聚乙烯醇停止其运动后计数。

2. 平皿活菌计数法

这是采用平皿涂布或混匀的方法，计算固体培养基上长出的菌落数。此法适用于各种好氧菌或异氧菌。其主要操作是把稀释后的一定量菌样通过浇注琼脂培养基或在琼脂平板上涂布的方法，让其内的微生物单细胞一一分散在琼脂平板上（内），待培养后，每一活细胞就形成一个单菌落，此即“菌落形成单位（CFU）”。每一个菌落是由一个细胞繁殖而成。根据每皿上形成的CFU数乘以稀释度就可推算出水样中的含菌数。

3. 稀释培养MPN法

最大或然数（Most Probable Number，MPN）计数又称稀释培养计数，适用于测定在一个混杂的微生物群落中虽不占优势，但却具有特殊生理功能的类群。其特点是利用待测微生物的特殊生理功能的选择性来摆脱其他微生物类群的干扰，并通过该生理功能的表现来判断该类群微生物的存在和丰度。

MPN计数是将待测样品做一系列稀释，一直稀释到将少量（如1mL）的稀释液接种到新鲜培养基中没有或极少出现生长繁殖。根据没有生长的最低稀释度与出现生长的最高稀释度，采用最大或然数理论，可以计算出样品单位体积中细菌数的近似值。具体地说，菌液经多次10倍稀释后，一定量菌液中细菌可以极少或无菌，然后每个稀释度取3～5个样品重复接种于适宜的液体培养基中。培养后，将有菌液生长的最后3个稀释度（即临界级数）中出现细菌生长的管数作为数量指标，由最大或然数表上查出近似值，再乘以数量指标第一位数的稀释倍数，即为原菌液中的含菌数。我们开展的总大肠群落和粪大肠菌群项目都采用稀释培养MPN法。

4. 比色（比浊）法

在科学研究和生产过程中，为及时了解培养中微生物的生长情况，须定时测定培养液中微生物的数量，以便适时地控制培养条件，获得最佳的培养物。比浊法是常用的测定方法，是在浊度计或比色计上测定培养液中微生物的数量的方法。某一波长的光线，通过浑

浊的液体后，光强度将被减弱。入射光与透过光的强度比与样品液的浊度和液体的厚度相关。由于在一定范围内，单细胞微生物的光吸收值与液体中的细胞数量成正比，因此可用作溶液中计算总细胞的技术，但需要用直接显微镜计数法或平板活菌计数法制作标准曲线进行换算。比浊法虽然灵敏度较差，却具有简便、快速、不干扰或不破坏样品的优点。

5. 干重测定法

干重法一般可以分为粗放的测体积法（在刻度离心管中测沉淀量）和精确的称干重法。将一定量的菌液中的菌体通过离心或过滤分离出来，然后烘干（干燥温度可采用105℃、100℃或80℃）、称重。微生物的干重一般为其湿重的10%～20%。据测定，每个Escherichia coli（大肠杆菌）细胞的干重为2.8×10^{-13}g，故1颗芝麻中（近3 mg）的大肠杆菌团块，其中所含的细胞数目竟可达100亿个。

6. 生理指标法

与微生物生长量相平行的生理指标很多，可以根据实验目的和条件适当选用。最重要的如测含氮量法，一般细菌的含氮量为其干重的12.5%，酵母菌为7.5%，霉菌为6.5%，含氮量乘以6.25即为粗蛋白含量；另有测含碳量以及测磷、DNA、RNA、ATP、DAP（二氨基庚二酸）、几丁质或N-乙酰胞壁酸等含量的；此外，产酸、产气、耗氧、黏度和产热等指标，有时也应用于生长量的测定。

四、微生物监测的基本项目

环境监测是测定代表环境质量的各种指标数据的过程，包括环境分析、物理测定和生物监测，其中生物监测是利用各种生物信息作为判断环境污染状况的一种手段。生物生活在环境中，不仅可以反映多种因子污染的综合效应，而且还能反映环境污染的历史状况。因此，生物监测可以弥补物理、化学测试的不足。

开展微生物监测时，我们可以通过监测水体中特定微生物的数量和种类的变化，反映水质的变化趋势。但是环境中微生物的数量和种类太庞大，工作量巨大，因此无法对水体中各种可能存在的有害致病微生物一一进行检测。通常还可以选择适当的指示菌作为监测的主要对象，来预报水质的污染趋势，以保证水质的卫生安全。虽然微生物作为环境污染的指示物在应用上不及动植物广泛，但是微生物的某些特性使微生物在环境监测中具有特殊的作用。

（一）项目种类

目前我们已经开展的微生物监测项目可以分为三大类：粪便污染指示菌监测、微生物菌种鉴定和微生物毒性检测。

1. 粪便污染指示菌的监测

粪便中肠道病原菌对水体污染是引起霍乱、伤寒等流行病的主要原因。沙门氏菌、志贺氏菌等肠道病原菌数量少，检出鉴定困难，因此要想把直接检测病原菌作为常规的监测手段对大多数监测站来说，无论是软、硬件上均有一定难度。因此，我们目前大部分是检验与病原菌并存于肠道且具有相关性的“指示菌”数量，来判断水质污染的程度和饮用水的安全，包括细菌总数、总大肠菌群数、粪大肠菌群数（耐热大肠菌群数）、大肠埃希氏菌群数、粪链球菌群数等。

2. 微生物菌种（致病菌和环境菌）的鉴定

自然界中微生物资源极其丰富，在环境中的利用前景也十分广泛。但由于微生物发现相对较晚，加上微生物种类鉴定技术及种类划分的标准等问题较复杂，至今已被研究和记载的还不到总量的 10%。随着微生物监测技术的发展，尤其是分子生物技术的引入，16SrRNA 分析已经成为微生物鉴定中常采用的方法之一。结合传统的形态学观察、培养筛选、生理生化分析、药敏试验及分子生物技术，开展微生物菌种鉴定与分析工作已经成为环境微生物监测的下一个热点工作。目前已经开展的微生物菌种鉴定包括致病菌的鉴定和环境菌的鉴定，包括金黄色葡萄球菌、沙门氏菌、志贺氏菌、溶血性链球菌、酵母菌、铁细菌、霉菌、硫酸还原菌。

3. 微生物毒性检测

人们在生活过程中不断与环境中的各种化学物质接触，这些物质对人类影响与危害怎样，特别是致癌效应如何，是人们普遍关心的问题。采用传统的动物实验和流行病学调查法已经远远不能满足需求，至今世界上已发展了数百种快速测试方法，其中发光菌综合毒性试验和致突变试验（Ames 试验）应用最广，其测试结果不仅可以反映化学物质的毒性和致突变性，而且可以反映其对环境的综合效应。

Ames 试验：其原理是利用鼠伤寒沙门氏菌组氨酸营养缺陷型菌株发生回复突变的性能检测物质的突变性。这种试验准确性高、周期短、方法简便，可以反映多种污染物联合作用的总效应。人们称此法是一种良好的致突变物与致癌物的初筛报警手段。

发光菌综合毒性试验：利用发光菌的发光强度高低来监测环境中的有毒污染物，反映水体综合毒性的微生物监测方法。发光细菌是一类非致病菌的革兰氏阴性兼性厌氧细菌，在适宜条件下培养会发出蓝绿色的可见光，当发光细菌接触有毒污染物时，细菌的新陈代谢则受到影响，发光强度可减弱或熄灭，发光强度的变化可用发光检测仪测定。

（二）基本项目

1. 细菌总数

细菌总数是指1mL水样在营养琼脂培养基中，于37℃经24h培养后，所生长的细菌菌落的总数。检测意义：菌落数和水体受有机物污染的程度呈正相关。作为一般性污染的指标，可评价被检样品的微生物污染程度和安全性。水样菌落总数越多，说明水被微生物污染程度越严重，病原微生物存在的可能性越大，但不能说明污染的来源。监测方法：平板法、“3M”纸片法等，以传统的平皿法应用最为广泛。由于没有单独的一种培养基或其一环境条件能满足水样中所有细菌的生理要求，所以由此法所得的菌落数实际上要低于被测水样中真正存在的活细菌的数目。

试验所需器材与试剂包括无菌蒸馏水、营养琼脂培养基、1mL吸管、10mL吸管，平皿、营养琼脂。主要检验程序：检样→稀释液→选择2～3个适宜稀释度→接种1 mL→加入适量营养琼脂→混匀→倒置培养37℃→菌落数→报告。

2. 大肠菌群

大肠菌群是根据检测技术来定义的。大肠菌群（多管发酵法）是指一群需氧或兼性厌氧的、37℃生长时能使乳糖发酵产酸产气的革兰氏阴性无芽孢杆菌。该菌群细菌可包括大肠埃希氏菌、柠檬酸杆菌、产气克雷伯氏菌和阴沟肠杆菌等。大肠菌群（酶底物法）指一群需氧或兼性厌氧的，能在37℃生长，并且能产生能分解邻硝基苯β-D-吡喃半乳糖苷（ONPG）的β-半乳糖苷酶，从而使培养液呈现颜色变化的细菌群。大肠菌群并非细菌学分类命名，而是卫生细菌领域的用语，它不代表某一个或某一属细菌，指的是具有某些特性的一组与粪便污染有关的细菌。无论是多管发酵法，还是酶底物法，其归根结底都是MPN法，是以最大或然数（Most Probable Number）简称MPN来表示试验结果的。实际上，它是根据统计学理论，估计水体中的大肠杆菌密度和卫生质量的一种方法。其检测意义为：作为描述粪便污染的指标，大肠菌群数的高低，表明了被粪便污染的程度，间接地表明有肠道致病菌存在的可能，从而反映了对人体健康潜在危害性的大小。如果从理论上考虑，并且进行大量的重复检定，可以发现这种估计有大于实际数字的倾向。不过只要每一稀释度试管重复数目增加，这种差异便会减少。对于细菌含量的估计值，大部分取决于那些既显示阳性又显示阴性的稀释度。因此在实验设计上，水样检验所要求重复的数目，要根据所要求数据的准确度而定。

开展大肠菌群监测时，要区分总大肠菌群、粪大肠菌群、耐热大肠菌群、大肠杆菌、大肠埃希氏菌等的基本含义。

（1）总大肠菌群：指一群需氧或兼性厌氧的，37℃生长时能使乳糖发酵，在 24 h 内产酸产气的革兰氏阴性无芽孢杆菌。

（2）粪大肠菌群：是指在 44.5℃温度下能生长并发酵乳糖产酸产气的大肠菌群，又称耐热大肠菌群。

（3）大肠埃希氏菌：通常称为大肠杆菌，大多数是不致病的，主要附生在人或动物的肠道里，为正常菌群；少数的大肠杆菌具有毒性，可引起疾病。

大肠菌群（多管发酵法）的主要监测方法包括 MPN 法、酶底物法、滤膜法、“3M”纸片法等。试验所需器材与试剂包括水样、90 mL 无菌水、9mL 无菌水、5 mL 乳糖蛋白胨、10mL 吸管、1mL 吸管、酒精灯、吸球、EC 肉汤。主要检验程序如下：国家标准采用三步法，即乳糖发酵试验、分离培养和证实试验；国家商检局标准（美国 FDA）采用两步法，即推测试验、证实试验。根据证实为大肠杆菌阳性的管数，查 MPN 表，报告每 100 mL（g）大肠菌群的 MPN 值。

第四节　生物毒性监测技术

目前，突发性污染事故及水质突变现象时有发生，且呈现出明显的增加趋势，水质突发性污染事故直接危害生活饮水和城市集中供水的安全，并会对水生态系统造成很大的冲击。常规的理化监测能定量分析污染物中主要成分的含量，但不足以直接、全面地反映水污染状况及各种有毒物质对环境的综合影响。而生物监测可以综合多种有毒物质的相互作用，判定有毒物质的质量浓度和生物效应之间的直接关系，为水质的监测和综合评价提供科学依据，因而得到了迅速发展。它利用活体生物在水质变化或污染时的行为生态学改变，对多种有毒物响应并能做出综合评价，可作为先导进行预警，反映水质的毒性变化。

生物毒性检测方法包括急性毒性试验、慢性毒性试验和遗传毒性试验。急性毒性试验是一种使受试生物群体在短时期（一般为 24～96h）内产生一定死亡数量或其他反应的毒性试验。其目的在于测试某种毒物或废水对某些水生生物的致死浓度范围，预测和预防毒物对受纳水体中生物的急性伤害。其毒性的强弱用半数致死浓度（LC_{50}）表示，即该毒物在限定时间内使 50%的受试生物个体死亡的浓度。慢性毒性试验指水生生物长时间（几个月至几年）暴露在低浓度毒物下所产生的可观察的生物效应。其目的是观察毒物与生物反应之间的关系，从而估算安全浓度或最大容许浓度（MATC）。遗传毒性试验主要研究生物体接触外源化学物质所产生 DNA 直接损伤或基因和染色体改变的效应，一般主要包括环境物质对生物体健康的致畸、致癌、致突变作用。

一、鱼类急性毒性试验

鱼类是水生食物链的重要环节，对水环境的变化十分敏感，当水体中有毒物质达到一定质量浓度时，就会引起一系列中毒反应。鱼类毒性试验可以评价受试物对水生生物可能产生的影响，以短期暴露效应表明受试物的毒害性，因此在人为控制的条件下所进行的各种鱼类毒性试验，不仅可用于化学品毒性测定、水体污染程度检测、废水及其处理效果检查，而且也可为制定水质标准、评价水环境质量和管理废水排放提供科学依据。

在鱼类急性毒性试验中，受试鱼的选择很重要，其选择原则一般为对污染物敏感、在生态类群中有一定代表性、来源丰富、饲养方便、遗传稳定和生物学背景资料丰富的种类。目前，国际通用的急性毒性试验的标准用鱼是斑马鱼，国内常用的试验鱼有鲢鱼、鳙鱼、草鱼、青鱼、金鱼、鲤鱼、食蚊鱼、非洲鲫鱼、尼罗罗非鱼、马苏大马哈鱼、泥鳅和斑马鱼等。

试验用鱼应在受试物水溶液中饲养一定的时间，以 96h 为一个试验周期，每隔 24h 记录试验用鱼的死亡率，确定鱼类半数致死浓度，用 24h LC_{50}、48h LC_{50}、72h LC_{50} 或 96h LC_{50} 来表示。

目前采用的急性毒性试验方法有静态试验、半静态试验（换水试验）和动态试验（流水试验）。试验方法的选择主要取决于受试材料的性质和实验室的设备条件。如果条件具备，不论对何种毒物或废水都要尽可能地采用流水试验。

二、溞类活动抑制试验

溞类是淡水生物的重要类群，是水体中初级生产者（藻类）和消费者（鱼类）之间的中间环节，以溞类、真菌、碎屑物及溶解性有机物为食，对水体自净起着重要作用。溞类繁殖快，生命周期短，培养简便，对许多毒物敏感，产仔多且试验项目使用的参数在个体间相对恒定，可以为试验结果统计学处理提供方便，因此被选定为国际标准毒性测试生物，已广泛应用于评价化学污染物、工业废水等毒性的研究上。

溞类急性活动抑制试验是将幼溞（试验开始时溞龄小于 24h）以一定的浓度范围暴露于受试物溶液中 48h，相对于空白对照组，观察记录 24h 和 48h 受试物对溞类活动抑制情况。通过对结果分析，计算 48h 的 EC_{50}。

大型溞是溞科中个体最大的种类，体长可达 6 mm，生殖量多，是毒性试验使用最广的一种。

三、藻类生长抑制试验

在水生生态系统及水生食物链中，藻类是水体中主要的初级生产者，在光的作用下它们吸收水中的无机营养盐类和二氧化碳，合成有机物，是水生态系统中物质循环和能量流动中的最基础环节。通过各种途径进入水体的污染物首先作用于藻类，对其产生危害，因此藻类是评价化学物质对水生生物的影响的主要环节之一。藻类对于许多毒物比鱼类、甲壳类更敏感，具有生长周期短、易于分离培养、可直接观察细胞水平上的中毒症状和可以得到化学物质对许多世代及种群水平影响等特点，是较为理想的毒性分析试验材料。

藻类生长抑制试验是在加有不同浓度毒物或废水的藻类培养液中，接种数量相等的处于指数生长期的淡水绿藻和（或）蓝藻，在藻类生长最适宜的环境条件下（如温度、光照等），定时（每隔 24h）测定并记录藻类的生长情况，试验周期为 72h。受试物的浓度不同，会对藻类的生长产生不同程度的抑制。根据各浓度组和对照组的生长情况比较，可计算抑制率，求出抑制一半藻类生长的毒物浓度，即半数有效浓度（EC_{50}）及其 95%置信区间，并统计得出最低可观察效应浓度（LOEC）和（或）无可观察效应浓度（NOEC）。

测定不同时间藻类的生物量，以量化藻类的生长和生长抑制。由于藻类干重难以测定，多使用其他参数替代，如细胞浓度、荧光性和光密度等。但应知晓所使用的替代参数与生物量之间的换算系数。

测定终点为生长抑制，可以试验期间平均比生长率或生物量的增加来表达。根据一系列试验浓度下的平均比生长率或生物量可以获得致使藻类生长率或生物量受到 x% 抑制（如 50%）的被试物质浓度，并表达为 E_rC_x 或 E_yC_x（如 E_rC_{50} 或 E_yC_{50}）。

四、发光细菌的急性毒性试验

发光细菌是一类在正常的生理条件下能够发射可见荧光的细菌，因含有荧光素、荧光酶、ATP 等发光要素，该类细菌在有氧条件下通过细胞内生化反应而产生微弱荧光。当细胞活性升高，处于积极分裂状态时，其 ATP 含量高，发光强度增强。

发光细菌法是一种利用灵敏的光电测量系统测定毒物对发光细菌发光强度影响的方法。发光细菌在毒物的作用下，细胞活性下降，ATP 含量水平下降，导致发光细菌的发光强度降低。研究表明，毒物浓度与发光细菌的发光强度呈线性负相关关系。毒物的毒性可以用EC_{50}表示，即发光细菌的发光强度降低50%时毒物的浓度。因此，可以根据发光细菌的发光强度来判断毒物的毒性大小，用发光强度表征毒物所在环境的急性毒性。

发光细菌的发光机理的研究表明，不同种类发光细菌的发光机理相同，都是由特异性的荧光酶（LE）、还原态的黄素单核苷酸（$FMNH_2$）、八碳以上长链脂肪醛（RCHO）、氧分子（O_2）所参与的复杂反应，大致历程如下式所示：

$$FMNH_2 + LE \rightarrow FMNH_2 \cdot LE + O_2 \rightarrow LE \cdot FMNH_2 \cdot O_2 + RCH$$
$$\rightarrow LE \cdot FMNH_2 \cdot O_2 \cdot RCHO \rightarrow LE + FMN + H_2O + RCOOH + 光$$

有毒物质主要通过两个途径来抑制细菌发光，其一为直接抑制参与发光反应的酶活性，其二为抑制细胞内与发光反应有关的代谢过程。凡能够干扰或破坏发光细菌呼吸、生长、新陈代谢等生理过程的任何有毒物质都可以根据发光强度的变化来测定，主要的敏感毒物为有机污染物和重金属类。

五、种子发芽和根伸长的毒性试验

种子的萌发和生根对于植物具有重要意义，该过程是一个非常活跃的植物胚胎生长发育过程，更是一个多种酶参与的生理生化变化过程。当种子暴露于污染物或有害环境中时，发芽和根伸长常会受到抑制，表现为发芽率低、根长短。

种子发芽和根伸长的毒性试验即根据上述特点，将种子放在含一定浓度受试物的基质中，使其萌发。当对照组种子发芽率达65%以上，根长（即从胚轴和根之间的转换点到根尖末端）达20 mm时，结束试验，并测定种子的发芽率和根伸长抑制率，最终评价受试物对植物胚胎发育的影响。

六、植物微核试验

微核是真核类生物细胞中的一种异常结构，往往是细胞经辐射或化学药物的作用而产生的。微核是在间期细胞时能观察到的染色体畸变遗留产物。微核试验是一种快速、简便地检测环境诱变物的方法，可用来检测水体环境诱变物，为环境监测提供细胞学方面的依据。

（一）紫露草微核试验

紫露草又名沼泽紫露草，为鸭跖草科，属多年生草本植物。紫露草是现在所知的对辐射和诱变剂反应最敏感的植物之一，处在减数分裂过程中的花粉母细胞尤为明显。在花粉母细胞减数分裂的早期，如果受到诱变因子的作用，可能会发生染色体断裂，产生染色体片段。这些染色体片段有的可能重新愈合，恢复正常；有的则由于缺少着丝点，不能受纺锤丝牵引移动到细胞两极，从而游离在细胞质中。当新细胞形成时，这些片段就会形成大小不等的微核，分布在主核的周围，形成的微核越多，说明环境中的诱变物越强，所以可以根据微核率的高低说明环境污染的程度。

（二）蚕豆根尖微核试验

蚕豆根尖细胞在进行有丝分裂时，染色体复制的过程常发生断裂，断裂下来的片段在正常情况下能自行复位愈合，如果此时受到外源性诱变剂或物理诱变因素的作用，会诱导细胞内染色体发生畸变，阻碍染色体的愈合，影响纺锤丝和中心粒而产生微核，其直径多为主核的二十分之一至五分之一。物理或化学因素诱发微核的剂量与效应关系，以及微核率与染色体畸变间的相关关系非常显著，所以微核技术代替了染色体畸变分析用于环境监测中。由于产生的微核数量与外界诱变因子的强弱成正比，所以可用微核出现的百分率来评价环境诱变因子对生物遗传物质影响的程度。

第四章 水环境应急监测方法

第一节　应急监测的工作特征及需求

一、应急监测响应技术构建的意义

（一）是经济可持续发展的需求

化工企业的迅猛发展，为我国的经济发展带来强劲动力的同时，各种有毒、有害的污染源头也不断增多。这些行业是非常规有毒污染物的重要排放源，排放污染物种类多、数量大，其中部分化学物质具有“三致”（致癌、致畸、致突变）特性和慢性毒性，部分符合持久性有毒污染物质特征，难以降解，可被生物累积、放大，会对生态环境的质量构成很大的威胁，使突发性环境污染事故发生的可能性大大增加。化工行业产生的突发性污染事故突发概率大、污染速度快、影响范围大，对生物与人类的健康影响严重，因而如何运用环境监测手段更科学、更准确地对水污染状况进行分析和评价，为决策部门提供有力的技术支撑，成为突破这个发展瓶颈的关键问题。

（二）水污染源监管的需求

水环境保护的目标有两个：一是保护人类的生命健康，二是使人类的生活环境更舒适。因此，水污染源监管的相应目标为水质安全、水质改善。为实现这两个目标，水污染源管理措施至少要包含三个方面：污染源风险监控与预警，污染物排放总量控制，突发污染事故应急响应。其中，前两者贯穿于水污染源的日常监督管理，突发污染事故应急响应体现在事前准备与事后响应中。

我国与水污染源监管相关的政策较多，包括环境影响评价制度和“三同时”制度、排污申报与许可证制度、排污收费制度、排污总量控制制度等。尽管各国水污染源日常监管的具体做法不同，但从根本上来说，落实到具体的污染源，管理依据均为排放限值，而排放限值又是基于两方面的考虑确定的：技术可得性、总量控制目标。

水污染源监管落实到具体污染源上，最终体现在对污染物的排放浓度、排放量的控制，而排放浓度与排放量的度量离不开水污染源监测。因此，水污染源监测监管制度的实施需要监测技术的支撑，而这种支撑是多方面的，概括起来，至少包括以下几个方面。

（1）日常监督与结果评价。水污染源日常监管的核心依据为排放标准，判定水污染源是否达标排放需要依靠监测的结果。

（2）总量监测。作为水污染物排放总量控制制度重要内容的污染物排放总量核算需要依靠总量监测结果的支撑。

（3）应急监测。突发事故后的应急监测结果是管理决策的重要依据。

（4）源追踪与解析。识别水环境污染的重点源，需要依据监测数据，以及以监测结果为基础而开展的源解析技术。

应急监测响应技术是在非正常状态下为环境管理部门提供决策依据的重要支撑，为环境污染事故发生后，说清污染物的种类、污染程度、污染范围提供了可靠的数据基础，是水污染源监管的重要组成部分。

二、应急监测响应技术的主要内容

（一）应急监测响应技术的定义

应急响应机制是由政府推出的针对各种突发公共事件而设立的各种应急方案，该方案能把损失降到最小。应急监测响应技术就是为了针对突发性环境污染事故建立有效的应急监测响应机制所建立的技术储备。

（二）应急监测响应技术解决的主要问题

应急监测响应技术涵盖了从监管对象的识别开始，到应急监测方法、评价体系以及在线预警网络的构建，再到各个环节的质量保证以及整套应急预案的编制等一系列导则指南，为缩短应急监测时间、提高应急监测质量，提供了技术支撑。

第一，需要建立水污染应急事故监管对象的识别技术，掌握区域内可能导致水污染的危险源、污染物的相关信息，明确监管对象。

第二，需要规范应急监测方法，保证应急监测数据的可靠性和可比性。

第三，针对未知、复杂的水体污染事故，需要建立水污染状况相关的综合毒性评价标准，以快速准确地判断化工污染的综合毒性。

第四，针对化工企业的偷排漏排，现有在线监测指标有限，需要建立实时的水质监督预警网络，及时准确监控污染物的综合毒性。

第五，应急监测实战和备战状态下各个环节的质量需要有明确的质量保障措施，以提高应急监测的质量。

第六，需要建立应急监测预案的编制方法，以指导各地监测部门制定科学化、规范化的应急监测预案。

三、应急监测工作的特征及需求分析

国内外突发性水污染事件和应急监测工作的调研方法一般采用文献调研、实地考察、地方环境应急事故查询、专家查询等，重点了解水污染事故处置过程的要点和环境应急决策需求，应急监测采样过程中的要点、监测人员的安全保护及分析过程中存在的问题、缺陷等。

应急监测工作的特征与需求分析是对收集到的各类资料进行汇总提炼的一个过程，通过以下两个步骤来实现：

第一，运用统计分析和归纳类比方法对所收集的国内外重大水环境污染事件进行规范化整合，明确环境污染物污染事故发生的一般规律和环境监测部门的职责和在其中扮演的角色。

第二，对各专家咨询意见以及实际应急工作情况进行汇总，采用归纳法对各种突发性水环境事故中应急处置对应急监测数据的各种需求进行归纳总结。

分析结果显示：

（1）环境污染物污染事故的发生具有突发性、污染物质的不确定性、影响的广泛性等特点。

（2）环境监测部门在污染事故的处理中承担污染物的定性定量分析工作。

（3）环境监测部门还具有危害性评估、处置处理建议等职责，为环境管理提供必要的技术支持。

（4）对于监测数据除了要求科学、可靠的基本要求之外，快速测定是应急监测的最大特点。为保证数据的及时性，必要时可以适当降低方法检出限或置信区间。

（5）应急监测的各类有毒指标在评估时可以适当放宽要求，更多地考虑其对水生态尤其是对人的影响。

（6）应急现场与实验室不同，往往缺乏电力、补给等。

（7）应急监测中技术人员往往处于紧张状态中，应考虑方法实施的简便性。

综上所述，建立应急监测方法需要从以下几方面重点考虑：

（1）能适应复杂基质水体的分析；

（2）所建方法须具备较高的稳定度，且出具的数据要科学可靠；

（3）须与相关的污染物采样方法、评价标准等环境保护标准相衔接，以确保管理决策的科学性；

（4）操作快捷，须考虑时效性；

（5）在考虑方法检出限时，可以以污染物的生物安全浓度为限；

（6）须考虑所建方法能否适应缺少电力、纯净水补给等可能发生的复杂现场问题；

（7）须考虑方法的操作性和是否易于理解，突出主要步骤和安全指引。

第二节　应急监测内容要素与结构

针对应急监测的特征与需求，建立应急监测方法需要考虑以下关键要素。

一、建立应急监测方法的关键要素

（一）污染物检出下限

应急监测方法的适用性强调应急水样对人体或水生生物的影响。目前，多数应急监测仪器（或试剂盒）提供的方法的检出限要高于常规检测方法，而国家也没有对应急监测方法所允许的最低检出限要求做出规定，这给方法的适用性评价工作带来了极大的难度。

通过引入生物安全浓度概念作为污染物检测下限的最低要求，应急监测方法的适用性评价有据可依。

注：安全浓度指化学物质的量在不超过多介质环境目标值（MEG）时，不会对周围人群及生态造成影响，包括以对健康影响为依据的 AMEG 和以对生态系统影响为依据的 DMEG。实际应急监测中，往往重点考虑污染物对人体健康的风险，尤其是短期影响。

（二）测试时间

由于应急监测对时效性要求较高，方法应给出正常情况下样品的测试时间（分别给出单个样品和批量样品的测试时间），供分析人员在选择方法时参考。

（三）方法确认

方法确认可以从“人、机、料、法、环”五方面进行考虑，以全面确保确认工作的科学性和可靠性。其中确认的指标包含浓度与测值相关性分析、精密度准确度评价、安全浓度可达性分析、方法干扰与典型调查等。

（四）文本要素编排顺序

为使应急监测人员在紧张的应急现场能够顺利实施监测工作，应急监测方法文本中各要素的顺序应合理安排。要素排序主要依据应急监测工作流程，使方法文本在使用上更符合分析人员的逻辑思维，避免操作人员因紧张遗漏信息。同时，应充分考虑应急操作人员的安全，将与安全有关的注意事项置于顶部的醒目位置。

（五）仪器选择

从应急监测的实际情况出发，在仪器的选择上，强调尽可能选择便于携带的仪器和设备。并考虑现场的供电情况，避免在应急监测方法中使用大功率且无备用电源的设备，要使方法更适合现场的快速分析。

（六）试剂与材料分析

在一般的应急分析实验中使用市售纯净水（如娃哈哈、康师傅纯净水等）作为溶剂，能减少纯净水在运输和使用过程中被污染的可能，同时方便分析人员就地取材（须说明所使用的市售纯净水对方法的干扰在可接受范围内）。

（七）分析人员应急安全防护

由于应急监测环境的不确定性和潜在危害性，强调监测时的安全防护，建议有条件的在现场安全区域内分析，尽量避免监测人员受到污染物的伤害。

（八）废物处置

为避免实验废物随意丢弃造成的二次污染，同时考虑应急现场的实际条件，将分析过程中产生的废物分为一般危险废物和特殊废物（挥发性高或稳定性差），简化了对于一般废物的现场处理程序，更能适应污染现场的快速测试需要。

（九）应急监测方法工作程序的分级

在应急备战状态下，建立应急监测方法，可以使用较多的时间仔细验证方法的可靠性；而应急实战状态下的方法建立，具有紧迫性的特征。为保证短时间内制定出相对可靠的应急监测方法，规定了应急监测方法临时修订工作程序与相应的技术要求。

二、工作程序

污染源应急监测方法建立的工作程序一般构成遵循《标准化工作导则第 1 部分：标准化文件的结构和起草规则》（GB/T 1. 1-2020）的要求，并按照《国家环境保护标准制修订工作管理办法》中规定的程序，提出制定污染源应急监测方法的一般顺序。

三、建立污染源应急监测方法的基本要求

根据技术规范制定的一般要求和应急监测工作的特点，规定了污染源应急监测方法建立的基本原则和要求。

四、要素构成

污染源应急监测方法建立的要素构成，其次序是依据应急监测工作开展的流程安排的。要素类型可以根据具体方法的差异分成可选要素和必备要素。

第三节　应急监测方法的建立

一、术语和定义

（一）检出限

某特定分析方法在给定的置信度内可从样品中定性检出待测物质的最小浓度或最小量。

（二）测定下限

在限定误差能满足预定要求的前提下，用特定方法能够准确定量测定待测物质的最低定量检测限。

（三）测定上限

在限定误差能满足预定要求的前提下，用特定方法能够准确定量测定待测物质的最高定量检测限。

（四）测定范围

测定下限和测定上限之间的范围。

（五）精密度

在规定条件下，相互独立的测试结果之间的一致程度。

（六）重复性

在同一实验室，由同一操作者使用相同设备，按相同的测试方法，并在短时间内对同一被测对象进行测试的条件下，相互独立的测试结果之间的一致程度。

（七）准确度

测试结果与被测量真值或约定真值间的一致程度。

（八）安全浓度

指化学物质的量在不超过多介质环境目标值（MEG）时，不会对周围人群及生态造成影响。包括以对健康影响为依据的 AMEG 和以对生态系统影响为依据的 DMEG。

二、工作程序

一般情况下，应急监测方法按《国家环境保护标准制修订工作管理办法》中规定的程序开展工作，执行水污染源应急监测方法制修订程序（见图 4-1）。

在应急监测过程中临时建立污染物应急测试方法时，应使用水污染源应急监测临时修订程序。在应急事故处理完之后再使用常规的水污染源应急监测修订程序将其余资料补充完整，形成水污染源应急监测方法文本。

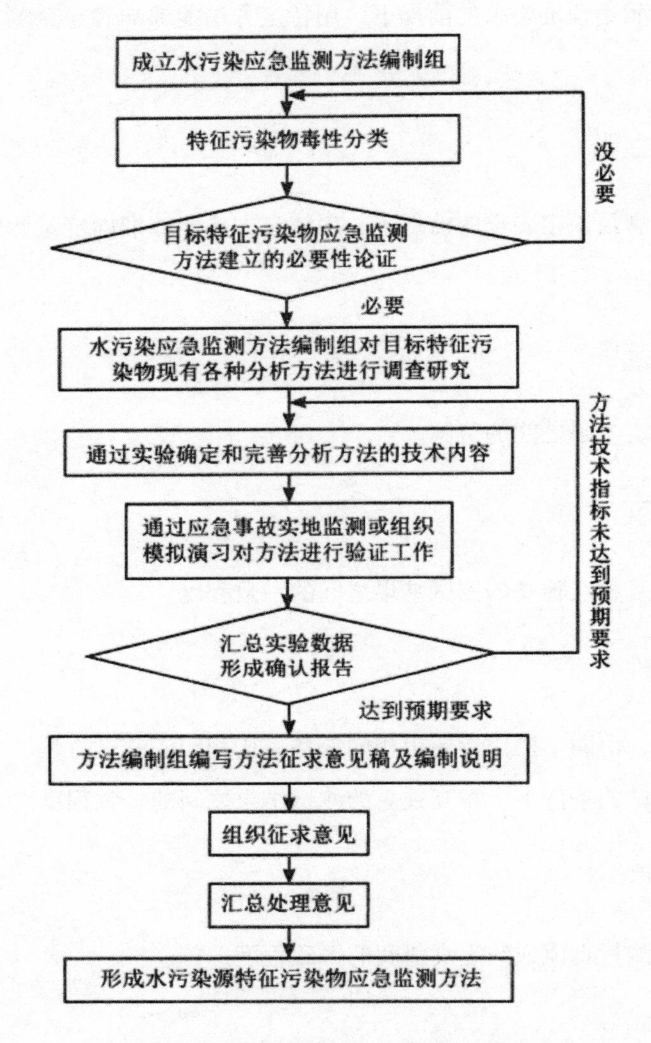

图 4-1　水污染应急监测方法制修订工作程序

（一）水污染源应急监测方法制修订程序

1. 成立方法编制组和必要性、可行性论证

需求单位根据国家或地方的实际需要成立应急监测方法编写组，并根据涉及污染物的特征污染物的毒性分类和发生环境突发性污染事故的可能性，进行必要性论证，在对现行目标污染物的分析方法与工作需求开展调查研究的基础上提出应急监测方法建立可行性方案，经有关方面专家审查认证后立项。

2. 方法实验研究工作

方法编制组通过实验研究初步确定方法技术内容，涵盖样品的采集和分析过程。对方法的各项技术参数和条件进行优化实验，完善分析方法的技术内容，并确定具体的技术内容及检出限、测定下限、实验室内的精密度和准确度等方法特性指标，在此基础上编写方法标准草案。

3. 方法确认工作

方法标准草案需要进行实验室确认。确认的主要内容包括方法检出限、测定下限（或安全浓度可达性）、加标回收、方法比对、仪器比对、标准样品测试、实际样品测试（典型调查）等。在此基础上填写方法确认表，如方法的技术指标未达到预期要求，编制组可通过研究实验等对方法草案进行完善，再次确认。

4. 方法的发布

编制组编制完成后，由发包部门组织进行意见征集和技术审查，补充意见后即可发布。

5. 对现行国内及国际标准可直接使用，原则上不需要进行方法确认。

（二）水污染源应急监测方法临时制修订程序

1. 成立××污染物应急监测方法开发组

根据实际需要组织有相关经验的实验人员组成应急监测方法开发组。

2. 目标特征污染物分析方法调研和选择

按照国家标准、行业标准、国际标准（包括其他国家标准）、文献中报道的分析方法的顺序依次选择分析方法。若没有可参考方法，或参考方法不能满足既定要求，可以根据原理使用自创方法，但需要标明方法原理依据。

3. 可溯源标准物质的选取

对于确定污染物的项目，若有现成标准物质或者各类基准物质，优先选取；若没有现成标准物质或基准物质，选用现场污染源的化工原液并记录纯度。

对于未确定污染物的项目，可先根据定性结果确定，或者选用污染源现场可能的污染物进行逐个比对筛选，以确定目标污染物，再按照确定污染物项目进行操作。若还不能确定污染物种类，可选用适当的生物方法进行分析，阳性标准采用可溯源的稳定毒物，如 $ZnCl_2$。

4. 简化的监测方法确认

简化的监测方法确认的主要内容须包含但不限于方法检出限、测定下限（或安全浓度可达性)、精密度、准确度等。

若方法的技术指标未达到预期要求，需要重新依序选择更为合适的分析方法。

5. 方法适用性报告

记录监测方法确认过程，内容须包含但不限于分析方法依据（或参考依据）、标准物质来源及纯度、方法检出限、测定下限（或安全浓度可达性）、精密度、准确度等的测定和评价结果。

三、标准的结构

见表4-1。

表4-1 标准结构

要素类型	要素的安排
可选要素	封面
可选要素	目次
可选要素	前言
必备要素	标准名称
可选要素	警告性内容
必备要素	适用范围与安全浓度
可选要素	方法原理
必备要素	仪器设备
必备要素	试剂与材料
必备要素	采样及其注意事项
必备要素	简要分析步骤
可选要素	干扰与消除（表）
必备要素	质量保证和质量控制
可选要素	注意事项及备注
可选要素	废物处理
可选要素	参考曲线
可选要素	检测报告
可选要素	规范性目录
可选要素	资料性目录
可选要素	参考文献

四、主要技术内容

（一）封面

按《标准化工作导则第 1 部分：标准化文件的结构和起草规则》（GB/T 1.1-2020）的规定编写。若非单行本，可省去此项目。

（二）目次

按《标准化工作导则第 1 部分：标准化文件的结构和起草规则》（GB/T 1.1-2020）的规定编写。若非单行本，可省去此项目。

（三）前言

按《标准化工作导则第 1 部分：标准化文件的结构和起草规则》（GB/T 1.1-2020）的规定编写。若非单行本，可省去此项目。

（四）标准名称

名称为必备要素，应置于正文首页和标准的封面，力求简练，同时在其下方应写出标准的英文名称。其内容要素不少于下述三种：

a. 环境介质（可选）：水、空气、土壤等；

b. 待测特征污染物名称或特性（必备）；

c. 测试方法的性质（可选）：可包括分析方法和使用的仪器等简要信息。

示例 1：水质　总氮的快速测定　水杨酸分光光度法

示例 2：水质　生物毒性的测定　发光菌急性毒性法

示例 3：空气　有机污染物的测定　便携式 GC-MS 法

（五）警告性内容

1. 应给出使用该标准方法时，涉及剧毒、放射性、易燃易爆、腐蚀性等的试剂和设备等，须特别注意的安全事项。

2. 注意事项

（1）为方便环境监测分析方法的应用，对于分析过程中可能出现的异常现象及其处理办法、使用该方法的特殊要求、操作过程中需要注意的事项等，可以采用“注”的形式置于有关条款或子条款的末尾。

（2）如有必要，可在“注意事项”中说明其他应重点注意的事项（如仪器操作的环境温度要求等）。

3. 应给出正常情况下样品的测试时间［如有必要，分别给出 1 个和 10 个样品（代表批量）的测试时间］。

（六）适用范围与安全浓度

1. 应说明分析对象的测定范围。在无法确定检测范围时，需要说明安全浓度的可达性。

2. 应说明分析对象的安全浓度。

3. 必要时，应明确标准的不适用情况。

（七）方法原理

1. 简要叙述方法的基本原理、决定方法用途的方法特性及主要步骤。如必要，还应说明选择分析步骤的理由。

2. 如果一项标准包含了两个或两个以上的不同方法，应分别说明每种方法的原理、特点和适应性。

3. 涉及化学反应时，可写出化学方程式。如果反应不能一步完成，应详尽地给出每一步的反应方程式。

（八）仪器设备

1. 应按分析操作顺序简要列出在分析中所使用的仪器和设备的名称。

2. 如有需要，应给出方法所要求的仪器、设备的要求（如分辨率、量程、数量等）。

3. 应尽可能选择便于携带的仪器和设备，并考虑现场的供电情况，避免在操作中使用大功率且无备用电源的设备。

4. 尽量不在标准中出现仪器和设备的生产制造企业名称、商标及具有企业特征的编号方式等内容。

示例：

移液枪（5mL）

具塞比色管（10mL，10 个）

电炉

分光光度计

5. 如检测方法为试纸法或试剂盒法，可将试纸或试剂盒视作“仪器”编写。

（九）试剂与材料

1. 一般采用如下表达作为导语：“除非另有说明，分析时可使用市售纯净水（如娃哈哈、康师傅纯净水等）作为溶剂。”

2. 应列出测试中使用的所有试剂和材料。制备某试剂或材料时用到的试剂或材料不必列出。

3. 如有必要，应说明试剂的化学名称、分子式、纯度或纯度级别、浓度、密度、是否含有结晶水等主要特性，以及实验材料的规格和性能。

4. 须自行制备的试剂和材料，应在备注中说明制备方法及环境条件等。

5. 对具有危险特性（如易燃、易爆、毒性等）的试剂和材料，应说明使用时的安全防护措施。

6. 量和单位的表达执行 GB 3100-93、GB 3101-93、GB 3102-93、GB 8170-2008 的规定。

示例：

除非另有说明，分析时可使用市售纯净水（如娃哈哈、康师傅纯净水等）作为溶剂。

过硫酸钾（5%）

抗坏血酸（10%，避光）

钼酸铵溶液（见备注）

7. 如检测器材为试纸、试剂盒、直读式仪器等无其他辅助试剂时，可省略此步骤。

（十）采样及其注意事项

1.“采样及其注意事项”为必备要素，可以包含采样工具、采样方法、样品保存、采样注意事项等。若为单行本，建议单独成页。

2. 采样工具

如未提及，一般采用有机玻璃采水器。

3. 采样方法

如未提及，一般采水面下 0.5m 的水样。

4. 样品保存

需要说明样品储存容器和保存条件。如未提及，一般默认使用矿泉水瓶，不加固定剂，置于常温下保存。

5. 注意事项

根据需要可说明特殊的布点要求、采样安全防护等。

应急监测的采样根据分析的地点不同分为现场实时分析采样、现场安全区域分析采样以及实验室后方分析采样三类（有条件在现场安全区域分析的，尽量采用此方式）。

（十一）简要分析步骤

1. 应按分析操作顺序列出分析过程中的所有步骤，一般包括仪器调试与校准、测试步骤、空白试验等内容。

2. 应对分析步骤进行必要的细分，表达方式应简明扼要。如现行环境监测方法标准中已有对某分析步骤的规定，可直接引用该标准的相关条款。

3. 可在使用的试剂和材料、仪器和设备名称后的括号内注明其相应的编号，以避免重复说明其特性。

4. 试料制备

应说明从试样中制备试料的操作步骤，包括称量或量取试料的方法、试料的质量或体积和称量的准确程度、试料的份数等内容。

5. 仪器调试与校准

应说明仪器的调试一般按仪器说明书的要求进行。如需要，应说明影响分析结果的仪器操作参数和环境条件。

如需要对仪器进行校准，应说明仪器校准的方法和步骤。如需要，应说明校准频率等要求。如需要绘制校准曲线，应说明校准所用标准样品系列的制备、使用标准样品的条件、校准曲线的绘制和校准数据的表示方式。

6. 测试步骤

测试步骤应按测定过程的先后顺序分段叙述。应准确地叙述每一步操作，应在适当的条或段中以容易阅读的形式陈述有关的测试。如有必要，可用图文形式表述。

7. 空白试验

在分析样品的同时，每批样品均应做空白试验，空白试验应与样品测定同时进行，并采用相同的分析步骤。在某些情况下，不加试料可能导致空白试验的条件与实际测定的条件不同（如 pH 值）而影响分析方法的应用。在这种情况下，应说明为消除差异而对空白试验的分析步骤进行调整的内容，必要时，仍应使空白试验与测定所用的试剂量相同。

8. 应说明分析步骤中可能存在的安全隐患（如爆炸、着火、中毒等）及必须采取的专门的防护措施。

9. 结果与计算

（1）应说明结果计算的方法，包括计算公式、量的单位、公式中使用量符号的含义及结果表示的有效数字等内容。

（2）公式编辑，以及量和单位的表达执行 GB3100-93、GB 3101-93、GB 3102-93、GB 8170-2008 的规定。

（十二）干扰与消除（表）

1）在进行干扰实验的基础上，提出对方法产生干扰的环节和因素。

2）存在干扰时，应说明干扰的组分及其限量，产生干扰的程度。

3）应说明干扰的消除方法及操作步骤。

4）应尽量使用表格形式表述干扰与其相应消除方法。

（5）典型调查：方法须进行实际样品（典型调查）测试并作为典型案例记录，以备以后定性测试。

（十三）质量保证和质量控制

1）应说明针对环境监测分析方法的质量保证和质量控制程序，以及当过程失控时应采取的措施。

2）对于定性分析，应有阴性对照和阳性对照，其中阳性对照点浓度应不大于且尽量靠近生物安全浓度。

3）对于定量分析样品，可以增加平行样、加标回收、质控样，以保证数据准确度和精密度。其中质控样浓度选择应尽量接近生物安全浓度。

（十四）注意事项及备注

1）为方便环境监测分析方法的应用，方法中可以包含对于分析过程中可能出现的异常现象及其处理方法等。

2）如有必要，可在该栏中说明其他重点注意事项。

（十五）废物处理

1）如所分析的污染物有较高毒性，或其分析过程中含有较强毒性物质，应说明废物处理方法。

2）对于一般危险废物（挥发性低、较稳定），可直接倒入废弃的矿泉水瓶，运离现场后按照相关废物处理处置规定执行。

3）对于挥发性较强或不稳定的特殊的危险废物，应说明现场处理方法，如挥发性较强的 Hg。

（十六）参考曲线

1. 对于使用标准曲线分析的项目，若标准曲线较稳定，应在标准中列出参考曲线。
2. 参考曲线可以用图或表的形式给出，并注明线性相关系数。
3. 若曲线与温度密切相关，应对于不同温度下的偏离程度进行说明，或者给出一个温度梯度的参考曲线。

（十七）检测报告

1. 应说明检测报告的具体格式。
2. 检测报告应包含但不限于定性或者定量分析的结果、生物安全浓度等。
3. 如有必要，还应给出质控数据。
4. 如现场存在较大的干扰因素，应在报告中加以描述。
5. 对于系列点位样品，应在检测报告中绘制点位分布图。

（十八）规范性目录

按照《环境监测分析方法标准制订技术导则》（HJ 168-2020）编写。

（十九）资料性目录

按照《环境监测分析方法标准制订技术导则》（HJ 168-2020）编写。

（二十）参考文献

参考文献著录规则按照《信息与文献参考文献著录规则》（GB/T 7714-2015）编写。

五、方法确认

（一）一般要求

1. 标准编制组应尽量提供覆盖方法适用范围的实际样品进行方法验证。

2. 标准编制组应编制方法验证方案，根据影响方法的精密度和准确度的主要因素和数理统计学的要求，选择合适的实验室、样品类型、含量水平、分析人员、分析设备、分析时间等内容。

3. 在方法验证前，参加验证的操作人员应熟悉和掌握方法原理、操作步骤及流程，必要时应接受培训。

4. 方法验证过程中所用的试剂和材料、仪器和设备及分析步骤应符合方法相关要求。

5. 参加验证的操作人员及标准编制组应按照要求如实填写《方法确认表》中的“原始测试数据表”。

6. 标准编制组根据方法验证数据及统计、分析、评估结果，最终形成《方法确认表》。

7. 若方法为非国标类标准，在验证过程中无须执行多家实验室同时分析验证的过程，采用简易的标准确认程序（仅由分析方法制定实验室使用标准样品测试、加标回收、方法比对、仪器比对中的一种或几种即可）。

（二）具体要求

1. 方法确认应包括浓度与测值相关性分析、精密度准确度评价、安全浓度可达性分析、方法干扰与典型调查等。

2. 浓度与测值相关性分析

对系列浓度进行平行测定，每个浓度三次。计算浓度与测值的相关关系，以相关系数0.75为依据确定分析范围。

3. 精密度与准确度评价

以分析范围为限，制备高、中、低三个浓度水平的样品，分别进行三次加标回收试验，计算回收率和相对偏差。

4. 安全浓度可达性的分析

（1）安全浓度的确定

查阅《环境评价数据手册——有毒物质鉴定值》，取对健康影响为依据的 AMEG 和以对生态系统影响为依据的 DMEG 两个数据的较小者作为生物安全浓度。

若污染物为附录中未出现的物质，可使用相关文献中的数据，并在备注处注明出处；若已知文献中也未提及的，应按照《环境评价数据手册——有毒物质鉴定值》中的方法测定AMEG 和DMEG，并附上相关证明材料。

（2）检测下限的评价与安全浓度可达性分析

方法的检测下限评价可用以下三种方法的其中一种。

①以检出限的四倍作为检出下限。检测下限小于或等于安全浓度即认为可达。

②直接以安全浓度附近样品测定，若其回收率与标准偏差分析达到 80%～120%，则认为安全浓度可达。

③直接测定安全浓度样品，考查样品测值是否在标准值范围内或国标方法测值±3S 范围内。

5. 方法干扰与典型调查

以被测污染物的主要来源行业排放的废水为基底，进行加标回收试验，并对明显干扰水样进行分析，提出干扰去除方案。

6. 精密度的验证

水和废水的测定：对于同一样品类型，各验证实验室采用三种不同浓度或含量（应包括一个在生物安全浓度限附近的浓度或含量）的统一样品，每个样品平行测定 6 次，分别计算不同浓度或含量样品的平均值、标准偏差、相对标准偏差等各项参数。

其他环境要素的测定：对于同一样品类型，各验证实验室应对 1～3 个浓度或含量水平的统一样品进行分析测试，每个样品平行测定 6 次，分别计算不同样品的平均值、标准偏差、相对标准偏差等各项参数。

标准编制组对各验证实验室的数据进行汇总统计分析，计算实验室间相对标准偏差、重复性限 r 和再现性限 R。

7. 准确度的验证

各验证实验室对实际样品进行加标分析测定确定准确度，须在每个样品类型的 1～3 个不同浓度或含量水平的统一样品中分别加入一定量的标准物质进行测定，每个加标样品平行测定 6 次，分别计算每个统一样品的加标回收率。

标准编制组对各验证实验室的数据进行汇总统计分析，计算其相对误差或加标回收率的均值及变动范围。

8. 其他

验证实验中异常值的排除方法参考《测量方法与结果的准确度》（GB 6379）系列标准中的相关内容。

第五章 水环境监测质量保证与质量控制管理

第一节　监测质量保证概述

一、质量保证的重要作用

质量保证（QA）是集成质量控制实践的行政和管理手段，包括制定和维护标准规范、观测分析的规范化、资格认证、培训、岗位负责制等。质量控制（QC）是使质量符合要求的控制措施，包括制定数据质量目标、数据收集设计、设置标准仪器和标准样品、定期标样测定和仪器校验、数据检验和质量评估等。

陆地生态系统水环境的长期观测是科学性很强的工作，它的直接产品是监测数据，监测质量的好坏集中体现在数据上，准确、可靠、有效的监测数据是水环境及相关科学研究工作的基础，是水资源管理的依据。同时，在信息技术迅速发展的今天，强调长期和联网研究面临的突出问题是数据及观测分析的规范化。水环境长期观测质量保证是在影响数据有效性的所有方面采取一系列的有效措施，将监测误差控制在一定的允许范围内，是对整个水环境监测过程的全面质量管理。因此，质量保证活动对于陆地生态系统水环境的长期观测是不可缺少的，是保证水环境监测数据代表性、完整性、可比性、准确性和精密性的必要步骤，为陆地生态系统水文过程和水环境监测研究，以及其他相关生态过程研究提供基础数据，为国家相关决策和国际合作提供服务。

二、质量保证的工作内容

陆地生态系统水环境长期观测质量保证涉及保证监测数据正确可靠的全部活动和措施，主要内容包括制订监测计划，建立管理组织，根据需要和监测目标确定对监测数据的质量要求，规定相适应的观测方法、手段和分析测试系统，数据评估和技术培训等多个环节。

陆地生态系统水环境长期观测的质量保证系统见图 5-1。

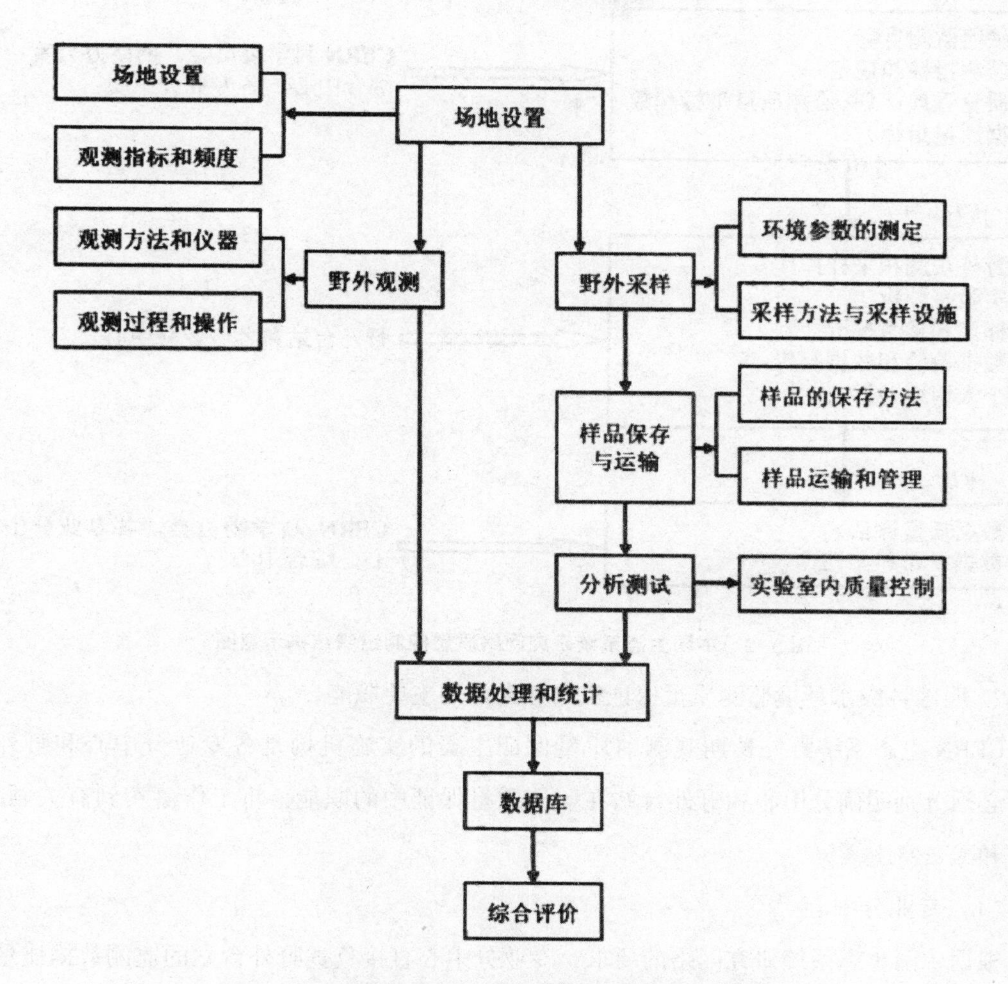

图 5-1　陆地生态系统水环境长期观测质量保证系统

三、质量保证的实施

（一）建立质量保证管理体系

监测质量保证管理体系包括组织、职责、制度管理等方面的工作。

1. 建立完善的组织领导机构

质量保证工作应该实行分级管理。中国生态系统研究网络的质量保证和质量控制的组织结构由科学委员会、网络办公室、综合中心、专业分中心和野外台站几个部分组成，它们在网络中的分工不同，质量控制的职责不同，具体的组织结构如图 5-2 所示。

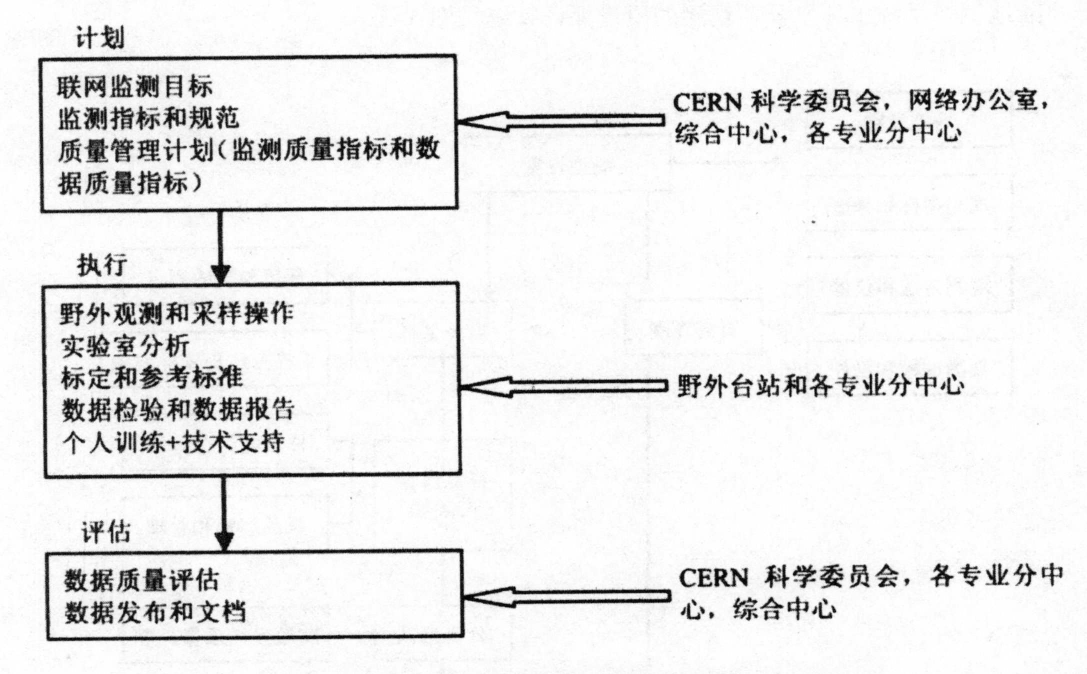

图 5-2　中国生态系统研究网络质量控制组织结构示意图

2. 明确各级水环境监测质量保证机构和人员的主要职能

CERN 生态系统野外长期观测的质量保证主要的实施机构是各专业分中心和野外台站。必须分别明确分中心和野外台站在监测质量保证中的职能，将工作落实到有关领导、部门和人员身上。

（1）专业分中心

根据中国生态系统研究网络的要求，专业分中心直接负责野外台站的监测数据质量控制工作，其内容包括：

第一，在 CERN 科学委员会的领导下提出质量管理计划和数据评估报告。

第二，每年收集汇总野外台站的监测数据，按照有关质量统计的要求，进行台站数据检验，并按时上报综合中心。

第三，组织仪器标定、计量检验和提供参考标准或标准样品。

第四，每两年组织一次技术培训，每四年组织一次分析岗位考核认证。

第五，配备从事质量控制工作的固定人员和质控负责人，承担质量控制工作所占的时间比例每年不少于半年。

（2）野外台站

对于野外台站的质量保证，为了保证监测数据的质量和公正性，应严格执行以下规定：执行《中华人民共和国计量法》，遵守国家有关计量管理方面的政策、法规，确保出具的监测数据具有法律效力。

执行 CERN 野外台站有关监测规范和操作手册中的各项规定，包括技术规范、操作规程。

执行 CERN 野外台站有关监测规范和操作手册中的各项规章制度，确保出具的数据在质量上不受任何行政和其他方面的干预，也不受任何人际关系的干扰。

野外台站从事的监测工作是独立的，对所出具的监测数据和结果承担法律责任，不受外界行政权力的影响。

配备野外台站从事监测工作的固定监测人员和专业质控负责人，承担监测工作所占的时间比例每年不少于半年。

野外台站还应自行制定《质量管理手册》，其内容包括：

第一，台站的性质与任务；

第二，台站监测的组织机构图表（注明负责人姓名、职称、任务）、人员概况和业务分工；

第三，台站主要观测项目及观测工作安排；

第四，主要观测和分析仪器设备一览表（注明仪器设备型号、精度、厂家、购置日期、鉴定情况、被验参数、操作人员等）；

第五，主要仪器设备操作规程目录，主要仪器设备的购置、验收和调试程序；

第六，观测和采样分析工作流程图；

第七，监测工作质量保证体系（或质量保证措施）。

3. 制定各种监测技术管理制度和质量管理制度

为保证水环境监测数据的准确、可靠和有效，除有完善的组织领导机构外，还必须制定一套完整的水环境监测技术管理制度和质量管理制度，规范监测质量保证工作。这些制度应该包括：

第一，水环境监测质量保证规定；

第二，水环境监测人员持证上岗制度；

第三，水环境监测工作管理制度；

第四，水环境监测各级人员岗位责任制度；

第五，水环境监测仪器设备管理办法；

第六，水环境监测野外观测场地管理办法；

第七，水环境监测技术资料档案管理制度；

第八，水环境监测事故分析报告制度；

第九，监测工作质量申诉处理制度等。

（二）提高监测人员素质，实行考核持证上岗

鉴于生态系统水环境长期观测工作的多学科性、专业性和人员流动频繁等特征，必须在加强职业道德和思想教育的同时，对人员构成的合理性和人员自身素质进行培训和考核，加强观测人员的素质管理。人员管理的主要任务：①应配备满足其工作需要的人员，确保其承担的各项监测项目均由具备资格的人员承担；②要采取有效措施，保证各类专业人员都能适时接受知识更新和技能提高培训，以不断适应监测工作的需要和要求；③安排调度好工作岗位和明确职责，保证最大限度地发挥其积极性、创造性和聪明才智，不断提高水环境监测的工作效能和质量。

技术培训和考核应该包括基本理论知识的培训、基本仪器操作知识的培训、野外观测方法的培训和实验室样品分析的培训等。

第二节　野外长期观测采样质量保证与质量控制

一、观测场地设置质量保证与质量控制

（一）场地设置与管理质量保证

在陆地生态系统水环境的长期观测中，长期观测场地设置的失误较之其他环节的失误给监测数据质量带来的误差往往要大得多，因此在制订质量保证计划时，首要的是根据长期观测的目标和任务，确保长期观测和采样场地的合理设置，并制定质量保证措施。长期观测场地的质量保证就是要确保场地的典型性、代表性、连续性和长期性。

长期观测和采样的场地设置质量保证基本要求包括：

1. 长期观测场地首先要根据生态类型和长期观测目的保证其典型性，即代表了生态

水文过程的典型区域和典型地段。

2. 长期观测场地还应该有代表性，代表了所要观测和研究的区域的重大问题和过程。

3. 为了长期观测的顺利实施，长期观测场地要求在交通上具有一定的通达性，能保证基本的交通便利。

4. 长期观测场地还要保证有基本的后勤保障，包括水、电设施，生活必需品的供应能力，对特定的观测需要有特定的后勤保障能力。

5. 要保证长期观测场地的样地和样方设计合理，严格按照规范要求设计观测采样样方。

6. 要制定专门的场地维护管理制度和维护程序，确保长期的正常维护。

7. 要定期对场地的典型性、代表性特征进行检查，对场地所在区域社会、经济活动进行定期调查，在场地的代表性特征出现明显变化时，可以寻找新的地方增加开设新的代表性场地。

8. 要定期监测采样点的位置，通过 GPS 定位，确保采样点位置不发生明显的变化。

9. 制定场地档案文档，记录场地随时间而发生的变化。

（二）场地维护的质量控制措施

CERN 台站在设置好长期观测采样地后，对场地的日常维护是确保场地质量的最关键环节。其他的场地维护与管理措施还包括建立规范的场地档案信息库、制定完整的场地变更规程、确保场地的连续性和一致性。

1. 场地维护要求

场地维护要求可以分为一般要求和特殊要求。一般要求针对所有野外场地设施的共性问题，特殊要求则针对野外台站不同场地和野外设施的不同特征。

（1）一般要求

- 野外场地和设施应设置明确的标牌，说明场地和设施的名称和作用；
- 野外场地和设施应设置明显的界碑，标明场地的范围；
- 在可能的情况下，应该在场地外围设置围栏保护场地安全；
- 场地和设施应制定定期的维护机制，设置专人执行定期维护工作，包括查看场地和设施的完好情况、野外设施的清洁维护等。

（2）特殊要求

场地维护的特殊要求针对场地的特殊性而定，比如，样地土壤水分的长期监测样地，一般都埋设有中子管，对中子管需要有特定的维护措施，如每次观测前都应该检查中子管外露部分有无损坏，中子管外露部分的保护盖是否完好，在采集过程中判断深埋入土壤中的中子管是否有变形和损坏，如发现问题，要及时整改。如森林生态系统研究站设置的地表径流观测设施的维护，则可以借鉴水力部门的相关标准和规范。

2. 场地档案信息规范

根据 CERN 的数据规范和水分数据的特点，水环境长期监测采样地的样地背景信息采用表 5-1 的规范表格填写和存档。

表 5-1 水环境长期监测采样地的背景信息

<table>
<tr><td rowspan="12">水分观测采样地</td><td>样地名称</td><td></td></tr>
<tr><td>样地编码</td><td></td></tr>
<tr><td>观测项目（指明具体项目，如地下水水质、地下水水位等）</td><td></td></tr>
<tr><td>样地自然地理背景补充信息（若没有补充信息，则填“无”）</td><td></td></tr>
<tr><td>样地选址说明</td><td></td></tr>
<tr><td>样地建立时间，准备观测年数</td><td></td></tr>
<tr><td>样地面积与形状（m×m）</td><td></td></tr>
<tr><td>样地关键点（中心点、左下角、右上角）经纬度描述</td><td></td></tr>
<tr><td>水分观测设施布置图及其编码说明（包括对该采样地中不同设施的均质性或异质性的说明）</td><td></td></tr>
<tr><td>水分观测采样方法说明（没有水分采样则本项为空）</td><td></td></tr>
<tr><td>关联的水分数据表格代码（没有水分采样则本项为空）</td><td></td></tr>
<tr><td colspan="2">观测场地及其样地大事记</td><td></td></tr>
<tr><td colspan="2">备注</td><td></td></tr>
</table>

3. 场地区域背景信息调查

场地所处区域背景信息是影响场地水环境特征的重要因素，台站必须定期（一般每 5 年至每 10 年一次）对场地所处区域范围（小流域或特征明显的地理单元）进行背景信息的调查，根据 CERN 数据规范，调查主要内容见表 5-2。

表 5-2 场地区域背景信息调查表

背景调查类别	调查内容
区域自然环境条件	水文、气象、地形地貌、植被、自然灾害
区域社会经济状况	人口、劳力、收入、各业产值、农业投入（机械动力、电力、化肥、农药、农膜）、土地利用、牲畜家禽
区域土壤状况	成土母质、土壤类型、土壤剖面发生层特点、质地、pH 值、Eh、代换量、盐基饱和度、有效养分、全量养分等
土壤生态环境状况	水土流失状况（土壤侵蚀类型、侵蚀分布面积、侵蚀模数）、沼泽化状况、盐渍化状况、土壤酸化状况
相关图件	地形图、土地利用图、行政区划图、土壤类型图、植被图

4. 场地变更记录

根据 CERN 长期监测的目的，设置的野外长期观测采样地原则上不能变更。但是随着近年来我国经济大发展，野外台站设置的长期监测采样地受到多种因素的影响需要发生改变，影响长期监测的连续性。为尽量减少场地变更影响长期监测数据的一致性和有效性，场地变更需要进行严格的变更记录，作为保障数据质量的重要措施。

变更记录主要需要说明变更后的样地与原样地之间的关系和联系，说明变更的原因，并按照样地质量管理的要求完成所有背景信息的记录和调查，实施规范要求的质量控制措施。

二、野外观测过程质量保证与质量控制

（一）监测现场观测过程质量保证

野外直接观测是陆地生态系统水环境观测中的一个主要部分，它是借助仪器和设施的帮助，获取野外水环境（主要是水文过程）的变化特征。野外观测是水环境监测的主要数据来源，因此野外观测的质量保证是整个水环境监测质量保证的重要一环。野外观测过程质量保证的目的就是要保证野外直接观测获取的数据的必要精度和代表性，通过一系列的制度和控制措施确保野外观测符合要求。

野外观测过程质量保证的基本要求如下：

第一，根据观测目的和研究的需要，确定合适的观测方法。观测方法要满足观测和研究所需要的数据精度。

第二，根据所采用的观测方法设置观测设施和仪器，观测设施和仪器要严格按照要求

建设和安装，自制仪器要符合相关的国家标准或者满足观测所要求的精度。

第三，仪器的标定是保证观测数据准确性的核心，必须定期实施仪器的标定。

第四，要制定观测设施的定期维护制度，保证野外观测设施的完整和正常运行。

第五，野外观测过程有时候是一个创新的过程，应该详细记录观测方法、观测过程。

第六，制定观测程序和操作过程手册，特别需要针对特殊野外情况的处理，制订相应的解决方案。

第七，要制定严格的野外观测的数据记录表格和下载存储的操作和报送过程制度，确保数据的全面记录和管理。

第八，观测人员必须具备一定的理论和实践基础，切实了解和掌握特定的观测方法，并实施定期培训。

（二）监测现场观测过程主要质量控制措施

CERN 水环境野外现场观测过程是在生态站设置在野外的样地和设施上直接采集和获取水分数据的过程。目前的 CERN 各生态站水环境野外现场观测的主要指标包括土壤含水量、地下水位、水面蒸发量、地表蒸发量（派生指标）、地表径流量、森林冠层水循环（穿透降水、树干径流和枯枝落叶层含水量）、沼泽生态系统湿地水深数据等。这些数据要求设置观测样地，并安装合适的观测设施，采用一定的方法，利用合适的仪器采集和获取数据。

在整个野外现场观测过程中，为保证采集数据的质量满足要求，需要采取一定的质量控制措施。这些质量控制措施主要有：

1. 观测过程元数据信息的完整和规范化

完整的观测过程元数据信息是分析数据质量问题和数据共享、使用的关键要素。这些元数据信息主要指观测期间特定的环境、人类活动因素、观测仪器和设施状况、观测方法等背景信息。为保证元数据信息的完整，需要规范所有观测指标（要素）的元数据信息内容和格式。

2. 仪器标定方法

野外现场观测和采集数据基本上都是使用一定的观测仪器来实施的，数据的准确性主要依赖对仪器的定期标定。完整和详细地针对具体仪器和具体环境制定仪器的标定方法和流程，并定期实施仪器的标定是野外现场观测质量控制的最核心环节。

3. 观测过程操作规范

按照观测仪器的特点和观测指标的变化特征，制定规范的操作流程并严格实施，也是保证野外现场观测数据质量的主要措施。

4. 仪器和野外设施的维护规范

仪器的定期维护保养、野外设施的维护是保证仪器和观测正常持久进行的必要步骤，不进行定期维护的仪器设施，其数据质量也会下降，并有可能带来大的数据变异等情形。

三、野外采样过程质量保证与质量控制

野外采样过程是陆地生态系统水环境长期监测中又一个重要的野外观测过程，主要是在野外采集水样，其他的采样还包括土样的采集或植物叶片的采集等。野外采样过程质量保证最根本的就是保证样品的真实性，既要满足时空要求，又要保证样品在分析前不发生物理化学性质的变化，要满足样品代表性的要求必须实行严格的质量保证计划及样品质量控制措施。

（一）采样过程质量保证的基本要求

野外采样过程包括样品采集、样品处理和样品运输等主要环节，对这三个环节的质量保证要求如下：

第一，应具有与开展的工作相适应的有关水环境监测样品采集的文件化程序和相应的统计技术。

第二，应建立并保证切实贯彻执行的有关样品采集管理的规章制度。

第三，所有采样人员必须经过采样技术、样品保存、处置和贮存等方面的技术培训，切实掌握并能熟练运用相关技术保证采样质量。

第四，应有明确的采样质量保证责任制度和措施，确保在采集、贮存、处理、运输的过程中，样品不致变质、损坏、混淆。

第五，要认真加强样品采集、运输、交接等记录管理，保证其真实、可靠、准确。同时要随时注意进行样品跟踪观察，确保其代表性。

第六，要切实加强采样技术管理，严格执行水环境样品采集规范和统一的采样方法。

（二）水采样过程的质量控制措施

为保证采样过程的质量要求，需要在采样过程中，采取一定的措施对采样质量加以控

制，主要包括采样过程中的跟踪控制措施和防污染措施。

1. 跟踪控制措施

就是在采集过程中，通过空白样或标准样等，对采样过程实施对照分析，了解采样过程对水样性质的影响。跟踪控制措施主要包括现场空白、运输空白、现场平行样、现场加标样或质控样，以及设备和材料空白控制等。

现场空白是指在采样现场以纯水做样品，按照测定项目的采样方法和要求，在与样品相同条件下装瓶、保存、运输直至送交实验室分析。

运输空白是以纯水做样品，从实验室到采样现场又返回实验室的过程。

现场平行样是指在同等条件下，采集平行双样密码送实验室分析，测定结果可反映采样与实验室测定的精密度，当实验室精密度受控时，能反映采样过程的精密度变化状况。

现场加标样是取一组现场平行样，将实验室配制的一定浓度的被测物质的标准溶液，等量加入其中一份已知体积的水样中，另一份不加标，然后按样品要求进行处理，送实验室分析。

采样设备、材料空白是指用纯水浸泡采样设备及材料作为样品，这些空白用来检验采样设备、材料的沾污情况。

2. 防污染措施

防污染措施主要包括：

第一，现场测定应使用单独水样，测定结束后将样品倒掉，切不可送回实验室作为其他项目分析样品。

第二，采样器、采样瓶等均须按规定的洗涤方法洗净，按规定容器分装测样。

第三，现场作业前，要先进行保存试验和抽查器皿的洁净度。

第四，用于分装有机化合物的样品容器，洗涤后用 Teflon 或铝箔盖内衬，防止污染瓶盖。

第五，采样人员的手必须保持清洁，采样时不能用手或手套等接触样品瓶的内壁和瓶盖。

第六，样品瓶要防尘、防污、防烟雾，须置于清洁环境中。

第七，船上采样要采取适当措施，防止沾污。

第八，采样器可用被采水样多次漂洗，或放在较深处再提到采样深度采样，不推荐用桶采集表层水样。

（三）其他采样过程的质量控制措施

其他的采样过程主要是采集土样和植物样。控制这类采样过程，需要注意以下几个方面的内容。

第一，采样人员必须树立坚定的事业心，具有严谨的科学态度。对于样品的采集、运输和保管等各环节必须严格执行有关规定和规范的要求，以保证其真实性、代表性和可靠性。

第二，采样前，按计划做好 GPS、土钻、样品袋和记录本等准备工作，仔细清点，防止遗漏。样品采集所用容器必须认真清洗，所用仪器必须鉴定合格，并按要求定期检查，仪器使用人员要经常对所用仪器进行保养，贵重仪器要建立使用登记簿。

第三，采样必须在预定地点进行，按时完成。如须连续采集样品，要建立值班制度，办理好采样交接手续。所采集的样品标签和观测记录，必须在现场准确地填写清楚。野外采样记录必须包括采样人、采样数量、采样地点坐标、采样地点、土地利用类型、土壤类型，以及相关的采样地点背景信息。

第四，原始数据不得涂改，若有错误需要改正，可在原始数据上画一横线，再在其上方填写改正的数字。如有特殊情况，可在备注中加以说明。

第五，每个采样点的各项观测或采样结束时，应由采样者记录检查是否符合规定要求，并在现场记录上签字。返回时，保存好现场记录本，并与试验室分析人员办理好样品交接手续，样品记录要妥善保管，会同分析结果，一并报资料站质量控制负责人；其他监测的现场记录做好文档记录。

第六，采样结束后，工具要清洗干净，并及时交回。

（四）采样器性能的定期检验

采样器的性能对样品的代表性有很大影响，对各种采样器的性能应进行定期的鉴定和校准，尤其要特别严格控制各种自动采样的时间控制精度。

第三节　实验室分析测试质量保证与质量控制

实验室分析测试质量保证是水质监测质量保证的重要组成部分。当按水质监测计划采集的有代表性的样品送到实验室进行样品分析时，为取得满足质量要求的监测数据，必须在分析过程中实施各项质量保证、质量控制的技术方法、措施和管理规定。由这些方法、措施、技术和管理规定组成的程序就是实验室质量保证和质量控制程序。

一、实验室质量保证

（一）人员的技术能力

实验室应按合理比例配备高、中、初级技术人员，各自承担相应的分析测试任务。一般而言，技术人员中高、中、初级职务的比例以 1：2：3 为宜。实验室技术人员应具备扎实的环境监测、化学分析基础理论和专业知识；正确熟练地掌握水监测分析操作技术和质量控制程序；熟悉有关环境监测管理的法规、标准和规定；学习和了解国内外水监测分析的新技术、新方法。

实验室应不断对各类技术人员进行业务技术培训，包括水环境监测的基础理论和方法、标准法规和制度、新技术和新方法、计量学基本知识等。

（二）仪器设备管理和定期检查

为保证监测数据的准确可靠，达到在全国范围内的统一可比，必须执行计量法，对所有计量分析仪器进行计量检定，经检定合格，方准使用。应按计量法规定，定期送法定计量检定机构进行检定。非强制检定的计量器具，可自行依法检定，合格后方可使用。对分析结果的准确度和有效性有影响的测量仪器，在两次检定之间应定期用核查标准（等精度标准器）进行期间核查。

在化学测量的仪器中，大部分测量是相对测量技术，因此应以标准物质（标准溶液）对仪器设备的响应值进行校正。校正的标准可以用国家质量管理部门监制的标准物质，也可以用制造厂家标定的设备和厂家标明的一定纯度的化学试剂。

仪器设备在使用过程中也要根据要求随时校验和维护。如天平的零点、灵敏性和示值变动性，pH 计的示值误差等。

仪器设备的管理十分重要，安置仪器设备的实验室环境应满足仪器设备的要求，确保仪器的精度和使用寿命。仪器的使用和操作要严格按照仪器设备说明书的要求来实施。仪器设备应建立专人管理的责任制。

（三）实验室应具备的基础条件

第一，实验室应制定技术管理制度与质量管理制度。

第二，实验室应保持整洁、安全的操作环境，通风良好，布局合理，相互干扰的监测项目不在同一个实验室内操作，测试区域应与办公场所分离。

第三，分析过程中有废雾、废气产生的实验室和试验装置，应配置合适的排风系统；产生刺激性、腐蚀性、有毒气体的实验操作应在通风橱中进行。分析天平应设置专室，做到防潮、避光、防震、防尘、避免空气对流等。

第四，实验用水电导率应小于0.3μS/cm。特殊用水则按有关规定制备，检验合格后方可使用。盛水容器要定期清洗，保持容器清洁。

第五，根据实验需要选择合适材质的实验器皿，使用后应及时清洗、晾干，防止灰尘等沾污。

第六，应使用符合分析方法所规定等级的化学试剂。配制一般试剂，应不低于分析纯级。取用时，应遵守“量用为出，只出不进”的原则，取用后及时密塞，分类保存，严格防止试剂的污染。化学试剂贮藏室必须防潮、防火、防爆、避光和通风，固体试剂、酸类、有机类等液体试剂分隔存放。应经常检查试剂质量，变质、失效的试剂应及时废弃。

第七，要按照国家标准配制试液。选用合适材质和容积的试剂瓶盛装，注意瓶塞的密合性。试剂瓶上应贴有标签，写明试剂名称、浓度、配制日期和配制人。

第八，对分析过程产生的“三废”进行妥善处理，确保符合环保、健康、安全的要求。

第九，实验室应妥善保存各种分析技术原始资料并归档。包括分析试剂配制记录、标准溶液配制记录及标定记录、校准曲线记录、各监测项目分析测试原始记录、内部质量控制记录等。

二、实验室内质量控制

（一）分析过程中的质量控制基础

分析人员在承担新的监测项目和分析方法时，应对该项目的分析方法进行适用性检验，包括空白值测定，分析方法检出限的估算，校准曲线的绘制及检验，方法的精密度、准确度及干扰因素等试验，以了解和掌握分析方法的原理、条件和特性。

1. 测定空白值

空白值是指以实验用水代替样品，其他分析步骤及所加试液与样品测定完全相同的操作过程所测得的值。影响空白值的因素有实验用水质量、试剂纯度、器皿洁净程度、计量仪器性能及环境条件、分析人员的操作水平和经验等。一个实验室在严格的操作条件下，对某个分析方法的空白值通常在很小的范围内波动。空白值的测定方法是：每批做平行双样测定，分别在一段时间内（隔天）重复测定一批，共测定5～6批。按式（5-1）计算空白平均值：

$$\bar{b} = \frac{\sum X_b}{mn} \tag{5-1}$$

式中，$\bar{b}$——空白平均值；

X_b——空白测定值；

m——批数；

n——平行份数。

按式（5-2）计算空白平行测定（批内）标准偏差：

$$S_{wb} = \sqrt{\frac{\sum_{i=1}^{m}\sum_{j=1}^{n}\left(X_{ij}^2 - \frac{1}{n}\sum_{i=1}^{m}\left(\sum_{j=1}^{n}X_{ij}\right)^2\right)}{m(n-1)}} \tag{5-2}$$

式中：S_{wb}——空白平行测定（批内）标准偏差；

X_{ij}——各批所包含的各个测定值；

i——批；

j——同一批内各个测定值。

除EC值和pH值外，所有离子成分分析项目在每次测定时均应带实验室空白，实验室空白的分析结果应小于各项目分析方法的检出限。每分析10个样品做一次空白分析，结果合格后才能继续分析样品。如果实验室空白的分析结果达不到要求，则不能继续进行分析，而且这以前的10个样品也应重新进行分析。

每季度测定一次从采样到样品过滤等操作的全程序空白试验，所检测离子浓度结果应不大于该离子分析方法的检出限。

2. 估算检出限

检出限为某特定分析方法在给定的置信度（通常为95%）内可从样品中检出待测物质的最小浓度。所谓“检出”是指定性检出，即判定样品中存有浓度高于空白的待测物质。检出限受仪器的灵敏度和稳定性、全程序空白试验值及其波动性的影响。对不同的测试方式检出限有几种估算方法：

（1）根据全程序空白值测试结果来估算

①当空白测定次数 $n>20$ 时，

$$DL = 4.6\sigma_{wb} \tag{5-3}$$

式中，DL——检出限；

σ_{wb}——空白平行测定（批内）标准偏差 $n>20$ 时。

当空白测定次数 $n<20$ 时，

$$DL = 2\sqrt{2t_f}S_{wb} \tag{5-4}$$

式中，t_f——显著性水平为 0.05（单侧）、自由度为 f 的 t 值；

S_{wb}——空白平行测定（批内）标准偏差；

f——批内自由度，等于 $m(n-1)$。

②对各种光学分析方法，可测量的最小分析信号 X_L 以下式确定：

$$X_L = \bar{X}_b + KS_b \tag{5-5}$$

式中，$\bar{X}_b$——空白多次测量平均值；

S_b——空白多次测量的标准偏差；

K——根据一定置信水平确定的系数，当置信水平约为 90%时，$K=3$。

与 $X_L - \bar{X}_b$ 相应的浓度或量即为检出限 DL：

$$DL = (X_L - \bar{X}_b)/S = 3S_b/S \tag{5-6}$$

式中，S——方法的灵敏度（即校准曲线的斜率）。

为了评估 $\bar{X}_b$ 和 S_b，空白测定的次数必须足够多，最好为 20 次。

当遇到某些仪器的分析方法空白值测定结果接近于 0.000 时，可配制接近零浓度的标准溶液来代替纯水进行空白值测定，以获得有实际意义的数据以便计算。

（2）不同分析方法的具体规定

①某些分光光度法是以吸光度（扣除空白）为 0.010 相对应的浓度值为检出限。

②色谱法：检测器恰能产生与噪声相区别的响应信号时所需进入色谱柱的物质最小量为检出限，一般为噪声的两倍。

③离子选择电极法：当校准曲线的直线部分外延的延长线与通过空白电位且平行于浓度轴的直线相交时，其交点所对应的浓度值即为离子选择电极法的检出限。

实验室所测得的分析方法检出限不应大于该分析方法所规定的检出限，否则，应查明原因，消除空白值偏高的因素后，重新测定，直至测得的检出限小于或等于分析方法的规定值。

3. 检验精密度

精密度是指使用特定的分析程序，在受控条件下重复分析测定均一样品所获得测定值之间的一致性程度。

（1）精密度检验方法

检验分析方法精密度时，通常以空白溶液（实验用水）、标准溶液（浓度可选在校准曲线上限浓度值的 0.1 和 0.9 倍）、地下水样、地下水加标样等几种分析样品，求得批内、批间标准偏差和总标准偏差。各类偏差值应小于或等于分析方法规定的值。

（2）精密度检验结果的评价

①由空白平行试验批内标准偏差，估计分析方法的检出限；

②比较各溶液的批内变异和批间变异，检验变异差异的显著性；

③比较样品与标准溶液测定结果的标准差，判断样品中是否存在影响测定精度的干扰因素；

④比较加标样品的回收率，判断样品中是否存在改变分析准确度的组分。

4. 检验准确度

准确度是反映方法系统误差和随机误差的综合指标。检验准确度可采用：

（1）使用标准物质进行分析测定，比较测得值与保证值，其绝对误差或相对误差应符合方法规定要求。

（2）测定加标回收率（加标量一般为样品含量的 0.5～2 倍，且加标后的总浓度不应超过方法的测定上限浓度值），回收率应符合方法规定要求。

（3）对同一样品用不同原理的分析方法测试比对。

5. 干扰试验

通过干扰试验，检验实际样品中可能存在的共存物是否对测定有干扰，了解共存物的最大允许浓度。干扰可能导致正或负的系统误差，干扰作用大小与待测物浓度和共存物浓度大小有关。应选择两个（或多个）待测物浓度值和不同浓度水平的共存物溶液进行干扰试验测定。

（二）实验室分析质量控制程序

第一，对送入实验室的水样，应首先核对采样单、容器编号、包装情况、保存条件和有效期等，符合要求的样品方可开展分析。

第二，分析每批水样时，应同时测定现场空白和实验室空白样品，当空白值明显偏高，或两者差异较大时，应仔细检查原因，以消除空白值偏高的因素。

第三，校准曲线控制。用校准曲线定量时，必须检查校准曲线的相关系数、斜率和截距是否正常，必要时进行校准曲线斜率、截距的统计检验和校准曲线的精密度检验。

校准曲线斜率比较稳定的监测项目，在实验条件没有改变、样品分析与校准曲线制作不同时进行的情况下，应在样品分析的同时测定校准曲线上 1～2 个点（0.3 倍和 0.8 倍测定上限），其测定结果与原校准曲线相应浓度点的相对偏差绝对值不得大于 5%，否则须重新制作校准曲线。

原子吸收分光光度法、气相色谱法、离子色谱法、冷原子吸收（荧光）测汞法等仪器分析方法校准曲线的制作必须与样品测定同时进行。

第四，精密度控制。凡样品均匀能做平行双样的分析项目，每批水样分析时均须做 10%的平行双样；样品数较小时，每批应至少做一份样品的平行双样。平行双样可采用密码或明码两种方式，平行双样允许偏差见表 5-3。若测定的平行双样允许偏差符合表 5-3 的规定值，则最终结果以双样测试结果的平均值报出；若平行双样测试结果超出表 5-3 的规定允许偏差，在样品允许保存期内，再加测一次，取相对偏差符合表 5-3 规定的两个测试结果的平均值报出。

第五，准确度控制。采用标准物质和样品同步测试的方法作为准确度控制手段，每批样品带一个已知浓度的标准物质或质控样品。如果实验室自行配制质控样，应与国家标准物质比对，并且不得使用与绘制校准曲线相同的标准溶液配制，必须另行配制。常规监测项目标准物质测试结果的允许误差见表 5-3。

当标准物质或质控样测试结果超出表 5-3 规定的允许误差范围，表明分析过程存在系统误差，本批分析结果准确度失控，应找出失控原因并加以排除，这样才能再行分析并报出结果。

各监测项目加标回收率允许范围见表 5-3。

表 5-3　平行双样测定值的精密度和准确度允许差

项目	样品含量范围/(mg/L)	精密度（%）		准确度（%）			适用的监测分析方法
		室内	室间	加标回收率	室内相对误差	室间相对误差	
pH 值	1～14	±0.04 pH 值	±0.1 pH 值				玻璃电极法
EC/（mS/m）	>1	0.3	1.0				电极法
SO_4^{2-}	1～10	±10	±15	85～115	±10	±15	铬酸钡光度法、硫酸钡比浊法、离子色谱法
	10～100	±5	±10	85-115	±5	±10	
NO_3^-	<0.5	±10	±15	85～115	±10	±15	离子色谱法、紫外分光光度法
	0.5～4.0	±5	±10	85～115	±5	±10	
Cl^-	<1.0	±10	±15	85～115	±10	±15	离子色谱法
	1～50	±10	±15	85～115	+10	±15	
NH_4^+	0.1～1.0	±10	±15	85～115	±10	±15	纳氏试剂光度法、次氯酸钠-水杨酸光度法、离子色谱法
	>1.0	±10	±15	85～115	±10	±15	
F^-	≤1.0	±10	±15	85～115	±10	±15	离子选择电极法、离子色谱法
	>1.0	±10	±15	85～115	±10	±15	
K^+、Na^+ Ca^{2+}、Mg^{2+}	1～10	±10	±15	85～115	+10	±15	原子吸收分光光度法、离子色谱法
	10～100	±5	±10	85～115	±5	±10	

第六，原始记录和监测报告的审核。原始记录和监测报告执行三级审核制。第一级为采样或分析人员之间的相互校对，第二级为科室（或组）负责人的校核，第三级为技术负责人（或授权签字人）的审核签发。

第一级主要校对原始记录的完整性和规范性，仪器设备、分析方法的适用性和有效性，测试数据和计算结果的准确性，校对人员应在原始记录上签名。

第二级主要校核监测报告和原始记录的一致性、报告内容的完整性、数据的准确性和结论的正确性。

第三级审核监测报告是否经过校核、报告内容的完整性和符合性、监测结果的合理性和结论的正确性。

第二级、第三级校核、审核后，均应在监测报告上签名。

（三）控制程序与常规控制方法

实验室内质量控制，包括实验室内自控和他控。自控是分析测试人员自我控制的过程，他控属于外部质量控制，是由独立于实验室外他人对监测分析人员实施质量控制的过程。

实验室内质量控制应在技术负责人、质量负责人的指导下由质控人员进行。质量控制程序如图 5-3 所示。

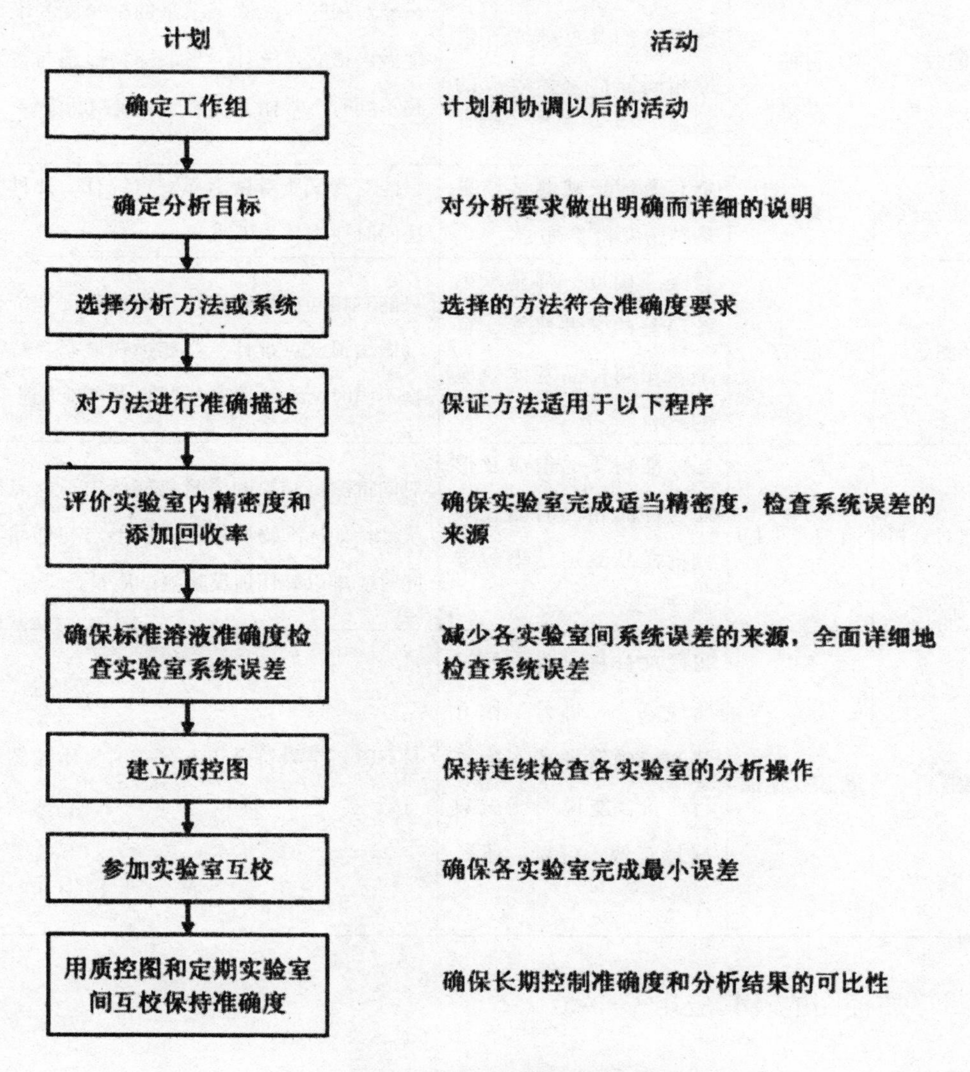

图 5-3　实验室质量控制程序图

常规的实验室质量控制技术大致有平行样分析、空白试验、加标回收分析、方法对照分析、密码样测定、标准物比对分析和质控图等形式，具体方法可以参考有关文献。每一种方法都有各自的特点和局限性，表 5-4 给出了不同质控技术的特性和差异。

表 5-4　实验室质控技术的特性及相互比较

质控技术	质控方式	技术及特点	技术局限
平行样	自控	反映批内结果精密度	不能反映结果的准确度
空白试验	自控	有助于发现异常值	空白结果的偏高或变异，不意味着测定结果准确度受到影响
加标回收	自控	检查准确度。可显示系统误差的某些来源，消除相同样品基体效应的影响	只能对相同样品测定结果的精密度和准确度做出孤立点统计，当加标物形态与待测物不同时，常掩盖误差而造成判断失误
方法对照分析	自控	能有效地反映测试结果的精密度和准确度	只能对测试质量做出孤立点统计，几种方法同时使用较为困难
密码样测定	他控	检查准确度，可显示系统误差的某些来源，可消除相同样品基体效应的影响	只能对相同样品测定结果的精密度和准确度做出孤立点统计，当加标物形态与待测物不同时，常掩盖误差而造成判断失误
标准物比对分析	自控及他控	当标准物质的组成及形态与样品相同时能反映同批样品测定结果的准确度	对同批测定结果的质量仅能给出孤立点的统计，如标准物质的组成和形态与样品不同时，难以确切地反映测试质量
质控图	自控及他控	可发现分析过程中的异常现象，对每天工作方法的准确度和精密度进行评价，能说明测试数据是有效、可疑，还是无效	只有分析结果符合正态分布时，质控图才有效

（四）质控图的及其应用

1. 质控图的基本原理

质控图是保证分析质量的重要措施之一，目前被广泛用于控制和评估分析测试的质量。质控图建立在实验分析数据分布接近正态分布的基础上，能把分析数据用图表形式表现出来。在理想条件下，一组连续的测试结果，从概率意义上来说，有99.7%的概率落在x±3S（即上、下控制限——UCL、LCL）内；95.4%应在x±3S（即上、下警告限——UWL、LWL）内；68.3%应在x±3S（即上、下辅助线——UAL、LAL）内。

以测定的结果为纵坐标、测定顺序为横坐标，预期值为中心线，±3S（S为标准差）为控制限，表示测定结果的可接受范围，±2S为警告限，表示测定结果目标值区域，超过此范围给予警告，应引起注意，±1S则为检查测定结果质量的辅助指标所在区间。质控图的基本组成如图5-4所示。

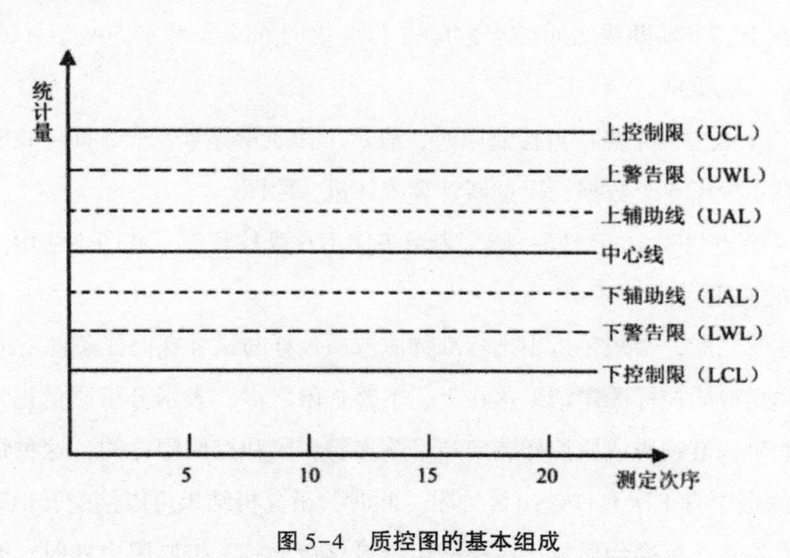

图5-4 质控图的基本组成

2. 质控图的绘制

建立质控图首先应分析质控样，按所选质控图的要求积累数据，经过统计处理，求得各项统计量，绘制出质控图。

（1）控制样品

控制样品可以选用标准物质，也可用自制的质控样或质量可靠的标准溶液。控制样品必须与被分析的样品相近，浓度水平力求相当。控制样品也必须有足够的一致性和稳定性，每次测定变异要较小。质控样所用方法及操作步骤必须与样品的分析完全一致。

（2）积累数据

质控图是用以连续反映分析工作质量的，因而累积的数据应尽可能覆盖不同条件下数据的变化情况，一般每天测定一次，按照所选质控图的要求，在一定间隔时间内积累一定数据的数据。如单值质控图可每天测1个数据，在一段时间内积累100个数据。空白值质控图、准确度质控图和精密度质控图，累积的数据以20～40个为宜。

（3）计算统计量

完成数据累积后，计算所有测定数据的各类统计值，包括平均值、标准差等。

（4）绘制质控图

可以人工或计算机辅助绘制质控图。

3. 质控图的检验

（1）将绘制质控图的全部数据按顺序点入图中的相应位置。超出控制限的点要重新补做，重新计算统计量值，并植在图上，如此反复直到落在控制限内的点符合要求为止。

（2）分布在上、下辅助线之间的点数应占总点数的68%，低于50%表示点的分布不合理，图不可靠，应重做。

（3）相邻三个点中两个点接近控制限时，表示工作质量异常，应立即停止实验，需要查明原因，补充不少于5个数据，再重新计算统计量，绘图。

（4）连续7个点位于中心线同一侧，表示工作不在受控状态，此图不适用。

4. 质控图的使用

在制得质控图之后，常规分析中把标准物质或质控样与试样在同样条件下进行测量。

如果标准物质或质控样测定结果落在上、下警告限之内，表示分析质量正常，试样测定结果可信。如果标准物质或质控样测定结果落在警告限和控制限之间，这种情况是可能发生的，20次测定中有1次允许超出警告限。此时，虽分析结果可以接受，但有趋于失控的倾向，应予以注意。标准物质或质控样测定结果落在上、下控制限之外时，表明测定过程失控，测定结果不可信。

有关质控图的一个重要实际问题是分析标准物质的次数问题。经验表明，加入每批试样少于10个，则每一批试样应加入分析1个标准物质。假如每批试样多于10个，每分析10个试样至少应分析1个标准物质。

三、实验室间质量控制

实验室间质量控制也叫外部质量控制，指由外部有工作经验和技术水平的第三方或技术组织，对各实验室及其分析工作者进行定期或不定期的分析质量考察的过程。常由上级监测部门发放标准样品在所属监测实验室之间进行比对分析，也可用质控样或盲样以随机考核的方式进行实际样品的考核，以检查各实验室间数据的可比性及是否存在系统误差，监测分析质量是否受控、分析结果是否有效。

实验室间质量控制必须在切实施行实验室内质量控制的基础上进行，需要有足够的实验室参加，使所得数据的数量能够满足数理统计处理的要求。通过外部的质量控制，可以发现实验室是否有效地进行了实验室内部质量控制，也可以发现配制标准溶液时产生的误差，或是因用低质量的蒸馏水、溶剂、试剂等产生的误差，而且便于分析人员和数据使用者了解分析方法、分析误差以及数据质量等方面的内容。

主动、积极、有计划地参加外部有工作经验和技术水平的第三方或技术组织的实验室比对和能力验证活动，可以不断提高实验室的监测技术水平。

实验室间质量控制大致包括以下几个步骤：

第一，标准溶液的校核。目前还不能全部使用国家统一配制的标准溶液作为水质监测工作的使用液，一般是选用适当的标准物质作为标准溶液，以便进行量值传递，校核因标准溶液不准而导致的系统误差，及时掌握实验室间的质量状况。

第二，统一分析方法。

第三，发放标样。

第四，发放统一样品。

第五，统一数据处理方法和计算方法，上报测试结果，包括空白实验值、统一样品测定值、加标回收实验值和其他必要的数据、图表等。

第六，结果的整理和评价。

四、实验室质量审核

实验室质量审核包括对质量计划中操作细则所述系统进行定性评价审核和对测定系统监测数据进行定性评价审核。

（一）实验室内审核

实验室内审核一般由室内质量监督员对质量保证实践进行监视和检查。质量手册定期检查是常规审核的一种简单方法。实验室内审核不是对方法的评价，而是对实验室能力的检验，目标是评价全部数据的准确度。通过对质控图的评述，确保测定过程处于受控状态，规定在一定期间测定质控样和标准参照物。

独立审核是实验室内审核的重要方式，应加强实验室内独立审核的力度，提高测定结果的置信度。

（二）实验室间审核

实验室间的质量审核基本上遵从实验室内审核所述的形式。通常，进行实验室间的质量审核是查明与原则、规范和标准的适应性，要求强制性记录，以便保持评价与记录的一致性。

第四节　水化学原位自动监测质量保证与质量控制

为保证水质自动监测站长期稳定运行，及时准确地掌握水质状况和变化趋势，发挥水质自动监测站的预警作用，保证为环境管理提供及时、准确、有效的监测数据，应强化水质自动监测的质量管理和控制，建立完善的自动站运行管理制度。

一、水化学原位自动监测质量保证

（一）基本要求

第一，建立完善的自动站运行管理制度。

第二，水质自动监测站维护人员须持证上岗。

第三，在日常监视与维护的基础上，定期进行自动监测仪器测试和实验室分析对比试验，以及使用自动监测仪器进行标准溶液核查。

第四，对上报的自动监测数据进行三级审核。托管站应对上报的数据负责。如果自动监测仪器运行出现故障或监测数据质量不符合要求应采用手工监测，并将数据上报。

（二）管理制度

第一，建立水质自动监测站运行管理办法。

第二，建立水质自动监测站运行管理人员岗位职责。

第三，建立水质自动监测站质控规则。

第四，建立水质自动监测站仪器操作规程。

第五，建立岗位培训及考核制度。

第六，建立水质自动监测站建设、运行和质控档案管理制度。

二、水化学原位自动监测质量控制

（一）技术人员

第一，水质自动监测站运行人员应热爱本职工作，有高度的责任感和敬业精神。

第二，具备较全面的专业技术知识和操作技能，熟悉自动站仪器操作和设备性能，严格按照安全操作规程使用仪器设备。

第三，定期参加培训，实施持证上岗和人员考核。

（二）规范操作

第一，水质自动监测系统启动前的检查、开机操作步骤及仪器校准测量等应严格按照操作规程执行。

第二，按照操作规程的要求定期进行仪器设备、检测系统的关键部件的维护、清洗和标定，按照操作规范规定的周期更换试剂、泵管、电极等备品备件和各类易损部件，关键部件不能超期使用；更换各类易损部件或清洗之后应重新标定仪器。

第三，试剂更换周期一般不超过两周，校准使用液不得超过一个月。更换试剂后必须进行仪器校准，仪器有特别要求的应按仪器使用说明书执行。应注意试剂的生产厂、日期、纯度和保质期。自动监测仪器使用的实验用水、试剂和标准溶液须达到《地表水和污水监测技术规范》（HJ/T 91-2002）中质量保证的要求。

第四，每天通过远程控制系统查看自动监测站的运行情况和监测数据的变化。检查水站系统的运行情况，发现或判断仪器出现问题或故障时应及时维修和排除；对不能解决的重大故障应及时向系统维护部门和上级单位报告，同时应做好手工采样和实验室分析的应急补救措施。

第五，建立仪器设备档案和数据管理档案。认真做好仪器设备日常运行记录及质量控制实验情况记录。

（三）巡检制度

建立定期巡检制，要求每周至少 1 次必须正常巡检，巡检期间做好水站系统的检查、仪器校准、隐患排除及外部设施的检查工作。当水质自动监测系统出现故障时，由现场值班人员做出判断对其修复，未经厂方允许不做不熟悉仪器的拆卸，报告有关技术负责人通过现场查看分析，找出问题及故障根源并加以解决，争取在最短的时间内使系统恢复正常，保证监测数据的连续性和有效性。巡视的主要内容有：

第一，查看各台分析仪器及设备的状态和主要技术参数，判断运行是否正常。

第二，检查子站电路系统和通信线路是否正常。

第三，检查采水系统、配水系统是否正常。

第四，检查并清洗电极、泵管、反应瓶等关键部件；检查试剂、标准液和实验用水存量是否有效；更换使用到期的耗材和备件；进行必要的仪器校准等。

第五，按系统运行要求对流路及预处理装置进行清洗，排除事故隐患，保证水站正常运行。

（四）比对实验及标准溶液核查

第一，标准溶液核查。应按仪器使用说明对水质自动监测仪器定期进行校准。每周对自动监测仪器做一次标准溶液核查，相对误差应小于±10%，否则需要对自动监测仪器重新校准。

第二，对比实验。每月对自动监测仪器进行 1～2 次对比实验，比较自动监测仪器监测结果与国家标准分析方法监测结果的相对误差，其值应小于±15%，否则需要对自动监测仪器重新校准或进行必要的维护和调整。

第三，核查结果和比对结果随次周、次月的自动监测周报传给上级环境监测站。

第四，对监测数据实施质量控制，使用质控样或密码样进行定期或不定期的质量考核，以保证水质自动监测数据的准确。

各项目的对比实验方法应采用现行的国家环境保护标准分析方法。对比实验应与自动监测仪器采用相同的水样，若实验仪器需要过滤或沉淀水样，应与对比实验水样用相同过滤材料过滤或沉淀，此外，采样位置应尽量与自动监测仪器的取样位置保持一致。

第六章
水环境监测数据管理

第一节　元数据整理

元数据是关于数据的数据，用来描述数据的内容、产生过程、数据质量和其他特性，是观测数据被使用者使用的基础。元数据的主要作用：描述数据；管理数据；提供对数据的查询、检索方法；帮助数据交换和传输；促进数据共享；等等。

元数据能使数据生产者以外的用户更快地发现所需要的数据，更好地了解其内容和限制，评估其对于应用需求的适用性。长期观测数据的产生具有不可重复性，为保证数据的正确使用以便为生态环境评估提供正确依据，必须完整地说明数据生产的方法和条件。元数据允许数据生产者对这些信息进行完全的记录，以便这些数据不因时间的流逝而丧失可用性。元数据能帮助有效地保存、管理和维护这些数据，且使数据能够不受人员变动的影响而失去作用，防止数据资产流失。元数据在数据使用上具有巨大作用，在对长期观测的数据进行管理时，要明确元数据的具体组成和内容，并形成规范性的管理。

一、水环境监测元数据的组成

陆地生态系统水环境观测元数据可由 10 个模块组成，包括标识信息、数据质量、方法信息、场地信息、项目信息、分发信息、元数据参考、实体信息、空间参照系、空间表示信息。这 10 个模块的内涵如下。

（一）标识信息

标识信息包含唯一标识数据的主要信息，包括数据的名称、摘要、目的、主题、贡献者、状态、日期、维护、关联、限制和范围等信息。

（二）数据质量

数据质量说明对数据资源质量的评价，包含质量评价的范围或报告。

（三）方法信息

方法信息是说明数据资源生产过程中遵循的方法（方法是影响数据质量的重要因素）的有关信息，包括方法步骤、采样、质量控制措施等。

（四）场地信息

场地信息是产生数据的试验或者观测所在场地的有关信息。一般而言，场地信息用于对野外试验或者观测产生的数据的自然环境背景进行说明。

（五）项目信息

项目信息是对创建数据集的研究背景的说明，包括项目名称、目标、资金来源、人员等。在制订元数据应用方案时，根据需要“项目”可能被选择也可能不被选择作为元数据应用方案的组成部分。

（六）分发信息

分发信息是有关资源如何分发和获取的信息，是分发格式、分发订购程序、传送选项和分发联系人等的聚集。如果对外提供资源发现和访问服务，那么在制订元数据应用方案时，分发信息一般都会被选择作为元数据应用方案的组成部分。

（七）元数据参考

对元数据实例自身而不是元数据实例所描述的数据集资源的说明，包括元数据实例的语种、创建和修改日期、联系人、依据的元数据标准（元数据应用方案）等。元数据参考包含必选和任选的描述符；元数据参考在组成元数据应用方案时是必选的。

（八）实体信息

实体信息是数据集所包含的数据实体的有关信息，用于在数据实体层次上对数据集的结构（包括逻辑结构和物理结构）进行说明。“实体”包含实体名称、描述、类型、覆盖

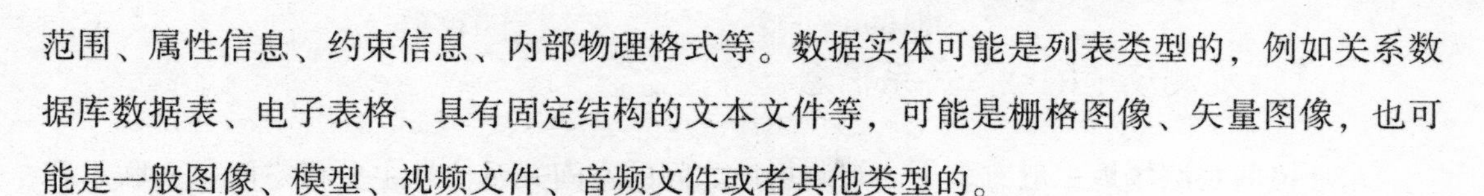

范围、属性信息、约束信息、内部物理格式等。数据实体可能是列表类型的，例如关系数据库数据表、电子表格、具有固定结构的文本文件等，可能是栅格图像、矢量图像，也可能是一般图像、模型、视频文件、音频文件或者其他类型的。

（九）空间参照系

数据集使用的空间参照系的说明，是专门针对空间生态学数据资源的。在制订针对非空间数据资源的元数据应用方案时，不需要选用该描述符。

（十）空间表示信息

空间表示信息指数据集中空间信息表示方法的信息，是专门针对空间栅格数据集、空间矢量数据集等空间数据资源的。空间表示信息可以分为栅格空间表示、矢量空间表示和影像表示。栅格空间表示、矢量空间表示和影像表示都包含必选和任选的描述符。

在以上的水环境长期观测元数据中，场地信息和方法信息是最重要的两个信息，需要重点讨论和说明。

二、观测场地信息

观测场地信息是陆地生态系统水环境监测中非常重要的基础信息，所有的水环境监测数据都是在一定位置观测的结果，而所在位置又都具有一定的目的和意义，这些对于数据的使用是必不可少的。对于水环境（包括水文过程和水化学过程）的观测，所需要的场地信息大致可以分为以下几类。

（一）台站信息

台站是指观测场地所属台站。台站信息包括台站名、行政区域、年平均温度、年降水量、自然地理背景等信息。

（二）流域信息

流域是指观测场地所在流域，这个流域的层次可以根据观测目的确定。流域信息包括流域名称、流域年平均温度、流域年平均降水量、流域自然地理背景，以及该流域所属的上一级流域名称、流域水循环特征（丰水期、枯水期、全年平均径流量、泥沙含量等）等信息。

（三）观测场地的空间关系信息

水环境的观测场地一般有多个。观测场地之间的空间关系信息主要指空间水文联系和空间位置差异信息。

（四）样地信息

样地是指观测仪器和设施直接观测的位置或者直接采样的位置，一般是一个小的场地。样地信息是场地信息中的核心部分，主要包括以下内容：

第一，样地识别信息。包括样地代码、样地名称、地理位置和覆盖范围、样地监测目的等信息。

第二，样地特征信息。包括样地面积、样地类型、土壤类型和母质、地形地貌（高程、坡度坡向等）、植被类型和特征、土地利用类型、水分状况、采样样方布局等信息。

（五）样地管理信息

样地管理信息主要是人类活动的干预和自然突发性的环境变化，包括轮作方式、播种/收获日期、灌溉/排水、农药化肥使用状况、种植与砍伐状况、特殊事件记录（洪水、病虫害、旱灾、人为干扰等）、气象统计状况（月平均气温、平均降水等）、其他重要管理措施记录等。

三、观测和分析方法信息

水环境的观测和分析方法直接影响观测数据的精度，是判断数据的利用范围和利用可靠度的主要标志。水环境要素（指标）的观测和分析方法信息大致包括以下几个方面。

（一）试验设计信息

试验设计信息主要是试验设计的方案或采样设计方案，包括实施了何种野外环境处理、有多少重复、处理小区数量，以及野外均质性和异质性特征等信息。

（二）观测方法和观测仪器信息

观测方法和观测仪器信息要指针对野外观测的某一个或多个要素所采用的方法和仪器设备的信息。必须详细说明观测的项目和频度、观测采用的方法和观测过程、观测使用的仪器、仪器和设施的结构特征和仪器设施的厂家信息、设施的安装和建设方面的细节，自行建造和安装的仪器设施需要详细说明仪器设施的精度和观测原理等方面的信息，还有观测人员信息等。

（三）采样方法信息

采样方法信息包括采样点的布设方式、采样仪器、样品容器和样品运输过程方面的信息，还有采样数量、样品类型和特征、采样时间和采样人等方面的信息。如果引用了采样标准，则需要说明标准名称和代码。

（四）分析方法信息

分析方法信息主要是测定项目所采用的分析方法，需要说明采样的分析方法标准。如果为非标准分析方法，需要详细说明分析过程。分析方法信息还包括分析实验室或分析人员信息等。

（五）数据处理方法信息

数据处理方法信息是指对观测和分析所获得的数据进行处理的细节信息，包括如何处理数据，对数据异常情况的描述和处理方法，数据的下载、保存和传输方法等方面的信息。

（六）质量控制方法信息

质量控制方法信息主要是指那些观测采样和数据处理的质量控制方法，包括具体的质控控制方法、数据异常处理、质控人员信息和引用的规范和标准等。

第二节　观测数据的整理、分析与报送

一、观测数据的整理和分析

（一）原始数据

原始数据是指那些直接在野外通过仪器自动采集或人工观测记录，以及野外采样记录和实验室内测定的原始记录数据。对于数据的质量评价和质量控制而言，原始数据十分重要，必须保存原始数据，统一编号，并在数据处理和上报完毕后归档保存。

原始数据必须在观测和分析时及时记录，不得通过回忆的方式填写。在观测和测定过程中，应该制定详细的观测和测定记录表格。对于自动采集和下载的数据，要按照要求记录每次采集的时间和方式以及采集人员。采集数据文件应该按照要求命名并存档。原始电子数据必须备份一份，并打印一份存档保存。

要制定原始数据使用和管理制度，安排责任人管理原始数据。

（二）有效数字及规则

所谓“有效数字”是指在分析和测量中所能得到的有实际意义的数字。换句话说，有效数字的位数反映了计量器具或仪器的精密度和准确度。记录和报告的测量结果只应包含有效数字，对有效数字的位数不能任意增删。因此，记录测量结果的原始数据必须根据有效数字的保留规则正确书写。有效数字是由全部确定数字和一位不确定的可疑数字构成的。

各种测量、计算的数值须修约时，应按《数值修约规则与极限数值的表示和判定》（GB/T8170-2008）进行，即按“四舍六入五余进，奇进偶舍”的规则修约。表 6-1 是一个数字修约实例。

表 6-1　数字修约实例

修约前	修约要求	修约规则	修约后
14.2432	保留一位小数	在拟舍弃的数字中，若左边第一个数字小于 5（不包括 5），则舍弃，即所拟保留的末位数不变	14.2
26.4843	保留一位小数	在拟舍弃的数字中，若左边第一个数字大于 5（不包括 5），则进 1，即所拟保留的末位数加 1	26.5
1.0501	保留一位小数	在拟舍弃的数字中，若左边第一个数字等于 5，其右边的数字并非全部为零，则进 1，即所拟保留的末位数加 1	1.1
0.3500	保留一位小数	在拟舍弃的数字中，若左边第一个数字等于 5，其右边的数字皆为 0 时，所拟保留的末位数若为奇数则进 1，若为偶数（包括 0）则不进	0.4
0.4500	保留一位小数		0.4
1.5050	保留两位小数		1.50
15.4546	修约成整数	在拟舍弃的数字中，若为两位以上数字，不得连续进行多次修约（例如，将 15.4546 修约成整数，就不能一次修约为 15.455；二次修约为 15.46；三次修约 15.5；四次修约为 16），应根据所拟舍弃的数字中左边第一个数字的大小，一次修约出结果	15

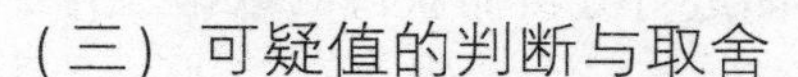

（三）可疑值的判断与取舍

在实际观测、测量和分析过程中，会出现一些可疑数据。对一些可疑数据的处理不能随意，需要严格遵循一定的规则。

1. 野外直接观测数据

野外直接观测数据一般都是仪器自动观测和采集的，或者人为通过手动操作借助仪器获得的数据。对陆地生态系统水环境观测来说，基本上没有不借助仪器由人工来观测的要素，如生物监测中常出现的样方物种调查等。

由于陆地生态系统水环境要素的野外直接观测一般借助仪器获得，因此，对待通过仪器的自动和人工方式在野外直接观测的数据，原则上不管是否可疑，都必须保留，作为分析仪器运行状况的重要依据。

仪器观测在经过标定后，仍然出现异常，说明仪器运行出现问题，或者观测人员的观测方式不对，为了发现这些问题，必须随时判断可疑数据。一般可疑数据可以从以下几个方面来判断。

（1）观测值超出了仪器本身的观测精度范围。这种情况下需要观测和质控人员判断环境的“真值”是否确实超出了仪器本身规定的精度，如果经常出现环境值超出仪器测量精度范围的情况，说明仪器不适宜用于该地区环境的监测。

（2）观测值连续超出了该环境值应有的范围。许多环境值有一个理论上的上下限，或者在观测所在区域，存在一个可以判断的上下限值，那么超出这个上下限往往是不符合规律的。在这种情况下需要认真分析仪器运行特征和观测方法的对错，寻找原因，及时更正。

（3）某个瞬时观测值明显脱离该数据的连续变化曲线数值几个量级，这样的值一般可以看成是“野点”而剔除。但如果这样的值呈规律性地出现，或者连续出现，则不能被人为剔除，或者由于观测的时间频度不能满足该环境值变化规律的描述，也不能剔除这样的值。

野外观测具有很强的专业性，对数据是否可疑的判断往往需要较好的相关专业基础。因此观测人员和数据质控人员应该具有良好的专业基础，才能有效判断数据是否可疑，否则，不能对数据好坏加以判断，而应保留所有观测数据。

2. 实验室测定数据

实验室测定数据往往都是通过对从野外采集的样品进行分析而获得的数据。为了保证分析结果的合理性，往往需要对同一个样品进行多次测定，判断数据的可疑状况。当对同一样品进行多次重复测定时，如果发现一组测定值中某个测定值相比其他测定值明显偏大或偏小，就称这种明显偏离的值为可疑值。下面主要对水样分析数据可疑判断和处理做出说明。

（1）可疑值的判断

对异常值的判断和处理，可以参考国家标准《数据的统计处理和解释正态样本离群值的判断和处理》（GB/T 4883-2008）进行。测定中发现明显的系统误差和过失误差，由此而产生的数据应随时剔除。但有时即使实验做完仍不能确定哪些数据是离群的，此时，对这些可疑数据的取舍应采用统计方法判别，即可疑值的统计检验。可疑值的统计检验判别准则如下：

第一，计算的统计量不大于显著性水平 $a=0.05$ 的临界值，则可疑值为正常值，应保留。

第二，计算的统计量大于 $a=0.05$ 的临界值，但又不大于 $a=0.01$ 的临界值，此可疑值为偏离值，可疑值保留，取中位数代替平均值。

第三，计算的统计量大于 $a=0.01$ 的临界值，此可疑值为异常值，应予剔除，并对剩余数据连续检验，直到数据中无异常值为止。

（2）可疑值的处理

当出现可疑值时，应按以下原则处理：

第一，在测定过程中，在尚未得出测定结果时，已经发现测定结果引起偏离的原因，如称样有损失、溶样有溅失、滴定剂有泄漏等，此时不论测定数据是否与其他平行测定数据符合，均应剔除。

第二，在得到测定结果后，如果查明确由实验技术上的失误引起，不论测定结果是否为异常值，均应剔除，不能将该测定结果修正后参加平均。

第三，出现可疑值后，如果暂时无法从技术上找到可疑值出现的原因，此时既不能轻易保留它，也不能随意剔除它，应对可疑值进行统计检验，从统计上来判断可疑值是否为异常值，只有这样才会使测定结果符合客观实际情况。如果统计检验表明可疑值不是异常值，即使是极值，也应该保留。因此绝不能把测定值的正常离散与异常值等同起来。

二、观测数据的报送

对于长期观测的数据管理来说，需要对不同台站的数据进行统一管理，为了能够统一管理和评估不同台站的数据，建立数据库并实施共享，需要规范数据报送过程。规范数据报送的主要内容是建立数据词典和数据报表填写规范。

本书主要就中国生态系统研究网络陆地生态系统水环境长期观测数据的报送规范做一个归纳和总结。

（一）上报数据表格

中国生态系统研究网络陆地生态系统水环境长期观测数据（动态监测数据）的报送针对生态类型的差异和监测指标体系的不同制定不同的上报数据表格。首先针对每一种生态类型，制定一套数据报表，然后根据生态系统所监测的指标类型，不同的数据制定一个上报表格格式。由于有些监测指标的观测在不同生态系统之间基本是相同的，如水面蒸发的观测、水化学分析数据等，对于这类数据不同生态类型的数据上报格式是一致的。

中国生态系统研究网络陆地生态系统水环境监测数据的报表见表 6-2。

表 6-2 中国生态系统研究网络陆地生态系统水环境监测数据上报表格

生态类型	报表代码	报表名称
农田生态系统	AC01	农田生态系统土壤含水量表（TDR 等）
	AC02	农田生态系统烘干法土壤含水量表
	AC03	农田生态系统地表水、地下水水质状况表
	AC04	农田生态系统地下水位记录表
	AC05	农田生态系统农田蒸散量表（水量平衡法）
	AC06	农田生态系统土壤水分常数表
	AC07	水面蒸发量表
	AC08	雨水水质表
	AC09	农田灌溉量记录表
	AC10	农田生态系统农田蒸散日报表（Lysimeter）
	AC11	农田土壤水水质状况表
	AC12	地表蒸散表（涡度相关法）
	AC13	农田生态系统水质分析方法信息表

续表

生态类型	报表代码	报表名称
森林生态系统	FC01	森林生态系统土壤含水量表（TDR 等）
	FC02	森林生态系统烘干法土壤含水量表
	FC03	森林生态系统地表水、地下水水质状况表
	FC04	森林生态系统地下水位记录表
	FC05	森林生态系统森林蒸散量表（水量平衡法）
	FC06	森林生态系统土壤水分常数表
	FC07	水面蒸发量表
	FC08	雨水水质表
	FC09	森林生态系统地表径流量表
	FC10	森林生态系统树干径流量表
	FC11	森林生态系统穿透降水量表
	FC12	森林生态系统枯枝落叶含水量表
	FC13	地表蒸散表（涡度相关法）
	FC14	森林生态系统水质分析方法信息表
草地生态系统	GC01	草地生态系统土壤含水量表（TDR 等）
	GC02	草地生态系统烘干法土壤含水量表
	GC03	草地生态系统地表水、地下水水质状况表
	GC04	草地生态系统地下水位记录表
	GC05	草地生态系统草地蒸散量表（水量平衡法）
	GC06	草地生态系统土壤水分常数表
	GC07	水面蒸发量表
	GC08	雨水水质表
	GC09	草地生态系统草地蒸散日报表（Lysimeter）
	GC10	地表蒸散表（涡度相关法）
	GC11	草地生态系统水质分析方法信息表

续表

生态类型	报表代码	报表名称
荒漠生态系统	DC01	土壤含水量表（TDR 等）
	DC02	烘干法土壤含水量表
	DC03	地表水、地下水水质状况表
	DC04	地下水位记录表
	DC05	蒸散量表（水量平衡法）
	DC06	土壤水分常数表
	DC07	水面蒸发量表
	DC08	雨水水质表
	DC09	灌溉量记录表
	DC10	蒸散日报表（Lysimeter）
	DC11	土壤水水质状况表
	DC12	地表蒸散表（涡度相关法）
	DC13	水质分析方法信息表
沼泽生态系统	MC01	土壤含水量表（TDR 等）
	MC02	烘干法土壤含水量表
	MC03	地表水、地下水水质状况表
	MC04	地下水位记录表
	MC05	蒸散量表（水量平衡法）
	MC06	土壤水分常数表
	MC07	水面蒸发量表
	MC08	雨水水质表
	MC09	湿地积水水深表
	MC10	沼泽灌溉量记录表
	MC11	地表蒸散表（涡度相关法）
	MC12	沼泽土壤水水质状况表
	MC13	沼泽水质分析方法信息表

（二）报表填写注意事项

中国生态系统研究网络的数据上报要求以 Excel 表格的形式将数据上报到专业分中心，然后由专业分中心经过集中整理、质控后上报综合中心。报表的填写应严格按照表格的要求来进行。

在数据填写中，有些代码的填写，如生态站代码、样地代码或仪器设施代码等，都必须按照统一的规范来编码，一旦确定编码后，不得随意更改。字段编码的标准化规则如下。

1. 台站代码

台站代码按照 CERN 统一规范命名，由 3 位编码组成。

1～2 位	3 位
××	×

其中，前两位是根据台站名称简拼及冲突处理原则确定的字母，第三位则表示台站的生态系统类型（如 A、F、D、G、M、U 等）。台站代码一经确定后，不得更改。

2. 观测场代码

观测场代码由 7 位编码组成。

1～3 位	4～5 位	6～7 位
×××	××	××

其中，1～3 位：3 位字母，即台站代码；4～5 位：2 位字母，表示观测场类型，具体分类和代码方法见表 6-3；6～7 位：2 位数字，观测场序号，不足 2 位前补 0。

表 6-3　观测场地的分类及其代码

观测场分类	观测场分类码
气象观测场	QX
综合观测场	ZH
辅助观测场	FZ
站区调查点	ZQ
长期试验研究观测场	SY
短期试验研究观测场	YJ

3. 采样地代码

采样地代码由 13 位编码组成。

1～7 位	8～10 位	11 位	12～13 位
×××××××	×××	___	××

其中，1～7 位：观测场代码。8～10 位：3 位字母，表示采样地分类代码，第 8 位，

学科代码，对水环境观测来说，固定为 C；9～10 两位根据观测设施不同确定，具体情况参见表 6-4。11 位：下划线。12～13 位：2 位数字，表示观测场内样地的数字序号，不足 2 位前补 0。

表 6-4　设施和样点的分类及其代码

设施分类名	设施分类代码
中子管、TDR 测管	CTS
烘干法采样点	CHG
地下水井	CDX
土壤水采样点	CTR
静止地表水采样点	CJB
流动地表水采样点	CLB
灌溉用地表水采样点	CGB
灌溉用地下水采样点	CGD
雨水采样器	CYS
土壤水采样点	CTR
E601 蒸发皿	CZF
蒸渗仪	CZS
天然径流场	CTJ
人工径流场	CRJ
土壤水采样点	CTR
树干径流采样点	CSJ
穿透降水采样点	CCJ
湿地积水采样点	CJS
枯枝落叶含水量采样点	CKZ

4. 采样点/剖面代码

采样点/剖面代码长度是 16 位，是在 13 位采样地代码基础上增加 3 位编码构成的。

1～13 位	14 位	15～16 位
×××××××××××××	___	××

其中，1～13 位：采样地代码；14 位：下划线；15～16 位：2 位数字，表示该样地内的采样点（如剖面、水质采样点等）序号，不足 2 位前补 0。

关于观测数据的填写，必须注意数据的单位要求。例如，在观测土壤水分及其特征参数时，有关土壤层次的描述，要求层次的描述用0cm、10cm、20cm、40cm、100cm 等形式填写，该数据指从地表面到采样层次的中点位置的距离，用 cm 做单位。

第三节 观测数据的检验

一、水文观测数据的检验方法

CERN 监测数据的检验是针对原始数据的，须从数据的完整性、准确性、一致性等方面检验是否满足 CERN 监测规范的需要。

根据制定的 CERN 数据质量要素与评价指标体系，考虑水环境长期监测数据的特点，目前对水环境长期监测数据的检验主要从数据的完整性、准确性和一致性等三方面来实施。

水环境长期监测数据中，水文数据和水质数据的特点差异明显，在考虑检验方法时，分章节分别说明。本节第一部分主要说明水文数据检验方法，本节第二部分主要说明水质数据检验方法。

（一）水文数据完整性检验

水文数据的完整性体现在台站水文数据监测是否按照 CERN 规范的要求，依据规定的频率、观测样地和观测时间进行观测，是否按照规范的要求记录所有与数据相关的元数据信息。水文数据的完整性检验主要从以下三个方面实施。

1. 数据观测频率和时间跨度检查

CERN 长期观测规范根据指标的变化规律确定了所有 CERN 水环境长期观测指标的观测频率，并根据台站的特点做了数据观测时间跨度的要求。这是体现数据完整性的第一步。

水文数据的观测频率和时间跨度基本要求在各生态系统观测指标和频度表中已说明。

2. 数据缺失检查

水文数据的缺失检查主要针对数据观测样地的缺失、数据内容的缺失以及数据观测时段的缺失。

观测样地的缺失：不同的水文数据，要求的观测样地数量不一样，根据 CERN 长期观

测规范的要求，检查不同观测指标是否在要求的观测样地之上进行观测和提供数据，CERN 规范要求的样地数量一般是最低数量要求，检查过程中数据必须达到最低样地数量要求才可视为完整。

数据内容的缺失：一项监测指标可能同时包括一到多项数据内容，这些数据内容必须完整，不能缺项。

数据观测时段的缺失：在观测期间，因各种原因导致某一或某些时段的数据缺失，会极大地影响数据的完整性。根据 CERN 长期观测规范对监测指标的观测频率的要求，在年度观测时段范围内，判断数据的观测时段缺失情况，并加以标注。

3. 元数据完整性检查

元数据信息是数据完整性的重要方面。这里定义元数据为所有与数据相关的背景数据。这些背景数据包括 CERN 数据规范要求中统一要求的各类数据，也包括水环境数据要求的特殊数据内容。部分元数据信息内容在本书中有说明，其余元数据内容参考 CERN 元数据规范的说明。

（二）水文数据准确性检验

水文数据的准确性检验是根据水文数据的特点，判断其合理性。由于水文数据多样，每个数据项，或者每个监测指标，变化特征不一，变化范围不一，对水文数据的准确性判断方法也存在差异。根据水文数据的特点，检验和判断水分数据准确性的方法大致有阈值法、过程趋势法、比对法、统计法等，表 6-5 给出了不同水文观测指标所采用的准确性检验方法。

表 6-5 CERN 水文数据采用的数据检验方法

检验方法	阈值法	过程趋势法	比对法	统计法
土壤含水量	√	√	√	√
土壤水分特征参数	—	—	√	√
地下水位	—	—	—	√
地表蒸发	√	√	√	√
水面蒸发	√	√	√	√
地表径流	√	—	—	√
森林冠层水循环	—	—	√	√
沼泽积水水深	√	√	√	√

1. 阈值法

阈值法根据数据的理论阈值，判断数据的合理性。这是一种通常的数据准确性检查的方法，简单方便，易于计算机自动化处理。缺点是数据在阈值内的错误无法判断，一个补救的手段是结合数据的统计方法，根据数据的分布区间概率判断数据的合理性。

在主要的水文监测指标中，土壤含水量数据有明确的理论阈值范围，在 0～1，或者以百分数表示在 0%～100%。但是在大部分情况下，土壤含水量的数据应该在凋萎系数到田间持水量之间，凋萎系数与田间持水量根据不同台站土壤特征而不同。

其他主要数据，如地表径流、水面蒸发、地表蒸发、地下水位等，则主要与不同位置的数据本身的变化幅度有关，不能给出绝对的阈值范围。在使用人工判读水文数据合理性时，大多根据经验，参考历年数据变化规律，大致判断数据的合理范围。目前采用的几个基本的判断依据是：

地表蒸发和水面蒸发的日蒸发量阈值范围：一般在 0～15 mm，超出这一范围的数据就需要辅助其他方法判断其合理性。另外一类判断依据是计算观测区域的潜在蒸散量，作为蒸发最大值的阈值。

地表径流量：年总地表径流量一般小于年总降水量，由于地下水补给和外来水的进入等特殊情况除外。

2. 过程趋势法

过程趋势法是根据数据随时间或空间的理论变化趋势，分析数据是否符合合理的变化趋势，从而判断数据的合理性。在使用过程趋势法检查水文数据合理性时，主要是针对土壤含水量数据、蒸发数据（包括地表蒸发数据和水面蒸发数据）两类。

（1）土壤含水量数据的基本趋势包括：①表层含水量随时间变化大，深层含水量随时间变化小；②含水量随深度一般逐渐发生变化，但当土壤质地明显变化时，也有含水量的突变层；③除非发生明显的降水和灌溉事件，含水量随时间的变化是渐进的，而且一般越来越少；④一般情况下，土壤含水量随深度逐渐加大，但这类规律需要根据台站历年数据来归纳，不能在所有台站数据中统一执行该标准。

（2）蒸发数据的基本趋势：①季节变化趋势：根据我国雨热同季的特点，一般地表蒸发和水面蒸发季节变化趋势呈现春冬季低、夏秋季高的特点；②日变化趋势：蒸发数据的日变化趋势受气象要素、水文要素和植物要素的影响，没有明确规律的变化趋势；③地表蒸发数据可通过水量平衡法计算获得，由于水量平衡各分量的观测误差，以及系统的水循环过程不封闭，水量平衡计算存在很大误差，很难判断数据的准确性，一般主要通过数据趋势和阈值范围来判断大致的数据合理性程度。

3. 比对法

比对法即对不同数据进行比对，以判断数据的合理性。根据比对数据的不同，比对法有以下三种途径。

（1）不同观测方法数据的比对

选择一个标准方法，或者参考方法，比较这种方法与 CERN 监测数据所使用的观测方法获得的数据的差异，从而判断 CERN 监测数据的合理性。

在 CERN 水文数据中，土壤水分数据的合理性判断主要是以将中子仪（或其他观测仪器）观测的数据与同一天同一样地的烘干法数据进行比较为依据。在比较过程中，须先将烘干法获得的质量含水量换算成体积含水量，然后判断中子仪或其他仪器观测数据的合理性，判断依据是：

$$\theta_v = \rho_b \theta_g \tag{6-1}$$

式中，θ_v ——仪器观测的体积含水量；

θ_g ——烘干法获得的质量含水量；

ρ_b ——土壤容重。

由于采样和分析误差，以及土壤含水量的空间变异性等原因，仪器观测的土壤含水量不可能与烘干法获得的含水量绝对相等，可以容许有 10%～20%的误差范围，但二者在空间上的变化趋势应该保持一致。

CERN 水文监测数据中，水面蒸发由于同时分别采用了自动观测和人工观测，也可以采用方法比对分析数据的合理性。

（2）不同观测时间的数据比对

不同观测时间的数据比对，是将一年观测时间段内全时间序列的数据进行比较，查出明显反常的异常数据或数据系列，将其判断为不合理数据。这类判断方法只能通过画图的方式，基于专家知识进行人工判读，不能采用计算机自动判读的方法。

（3）变化趋势比对

通过分析数据的变化趋势也能判断异常值，就是分析数据在时间和空间上的变化趋势，在数据系列中，有明显违反趋势的单个数据，一般可以认为属于异常值。这一方法主要用于数据系列中的单个异常数据判断，不能用于完整数据系列的合理性判断，如土壤含水量全剖面不同层次数据的整体判断。

4. 统计法

上述三类方法基本是基于专家知识的人工判读方法，在信息化技术发展的今天，借助计算机辅助数据检验是一个必然的发展方向。

统计法主要是通过统计算法来判断异常值，从而将异常值剔除。这类方法通过一定的数学规则进行判断，易于在计算机上实现自动判别。但由于生态监测数据的多样性和突变性，由统计程序判别出的异常数据应该谨慎对待，通过回查和专家判断，然后再做处理。运用统计法应该针对一个观测样地的数据，不能将不同观测样地的数据放在一个数据系列中进行统计评判。

下面给出运用统计方法判断异常数据的主要方法和算法。

（1）异常数据的判别准则

通过统计算法对异常数据进行判别应遵循的准则参见本章第二节“可疑值的判断”部分。

（2）异常值的统计检验方法

• Dixon 检验法。该方法一般用于一组测定数据的一致性检验和异常值检验，步骤如下：

①将重复 n 次的测定值从小到大排列为 X_1，X_2，X_3，…，X_n；

②按表 6-6 列公式，求算 Q 值；

③根据选定的显著性水平和数据系列个数 n，依据表 6-7 查找临界值 $Q_{0.01}$；

④依据的判别准则，当 $Q>Q_{0.01}$ 时，则可疑值为异常值，应舍弃。

表 6-6　Dixon 检验统计量（Q）计算公式

n 值的范围	可疑值为最小值 X_1	可疑值为最大值用 X_n
3～7	$Q_{10}=\frac{X_2-X_1}{X_n-X_1}$	$Q_{10}=\frac{X_n-X_{n-1}}{X_n-X_1}$
8～10	$Q_{11}=\frac{X_2-X_1}{X_{n-1}-X_1}$	$Q_{11}=\frac{X_n-X_{n-1}}{X_n-X_2}$
11～13	$Q_{21}=\frac{X_3-X_1}{X_{n-1}-X_1}$	$Q_{21}=\frac{X_n-X_{n-2}}{X_n-X_2}$
14～25	$Q_{22}=\frac{X_3-X_1}{X_{n-2}-X_1}$	$Q_{22}=\frac{X_n-X_{n-2}}{X_n-X_3}$

表 6-7 Dixon 检验临界值（Q_0）表

n	显著性水平(α)			n	显著性水平(α)		
	0.10	0.05	0.01		0.10	0.05	0.01
3	0.886	0.941	0.988	15	0.472	0.525	0.616
4	0.679	0.765	0.899	16	0.454	0.507	0.595
5	0.557	0.642	0.780	17	0.438	0.490	0.577
6	0.482	0.560	0.698	18	0.424	0.475	0.561
7	0.434	0.507	0.637	19	0.412	0.462	0.547
8	0.479	0.554	0.683	20	0.401	0.450	0.535
9	0.441	0.512	0.635	21	0.391	0.440	0.524
10	0.409	0.477	0.597	22	0382	0.430	0.514
11	0.517	0.576	0.679	23	0.374	0.421	0.505
12	0.490	0.546	0.642	24	0.367	0.413	0.497
13	0.467	0.521	0.615	25	0.360	0.406	0.489
14	0.492	0.546	0.641				

- Grubbs 检验法。Grubbs 检验法用于多组测定均值的一致性检验和提出离群值检验，也可以用于一个测定序列的单个数据的一致性检验。计算步骤如下：

①设有 L 组数据，各组数据的平均值分别为 $\overline{X_1}$，$\overline{X_2}$，…，$\overline{X_L}$；

②将 L 个均值按大小排列，最大均值为 $\bar{X}_{max}$，最小均值为 $\bar{X}_{min}$；

③计算 L 个均值的总均值 $\bar{X}$ 和标准偏差 S：

$$\bar{X} = \frac{\sum_{i=1}^{L} \bar{X}_i}{L}$$

$$S = \sqrt{\frac{\sum_{i=1}^{L} (\bar{X}_i - \bar{X})^2}{L - 1}} \qquad (6-2)$$

④可疑值 $\bar{X}_{max}$，$\bar{X}_{min}$ 分别按照下式计算统计 量 t_1 和 t_2

$$t_1 = \frac{\bar{X}_{max} - \bar{X}}{S} \qquad t_2 = \frac{\bar{X} - \bar{X}_{max}}{S} \qquad (6-3)$$

⑤根据给定的显著性水平 α 和 组 数 L，查表 6-8 获得临界值 t_0；

⑥依据异常值判别准则决定取舍；

⑦若本检验方法用于一组数据的检验，将组数 L 改为测定次数 n ，将组平均数 $\overline{X_i}$ 改为单次测定值 X_i 。

表 6-8　Grubbs 检验临界值(t_0)

显著性水平(α)					显著性水平(α)				
L	0.05	0.025	0.01	0.005	L	0.05	0.025	0.01	0.005
3	1.153	1.155	1.155	1.155	30	2.745	2.908	3.103	3.236
4	1.463	1.481	1.492	1.496	31	2.759	2.924	3.119	3.253
5	1.672	1.715	1.749	1.764	32	2.773	2.938	3.135	3.270
6	1.822	1.887	1.944	1.973	33	2.786	2.952	3.150	3.286
7	1.938	2.021	2.097	2.139	34	2.799	2.965	3.164	3.301
8	2.032	2.126	2.221	2.274	35	2.811	2.979	3.178	3.316
9	2.110	2.215	2.323	2.387	36	2.823	2.991	3.191	3.330
10	2.176	2.290	2.410	2.482	37	2.835	3.003	3.204	3.343
11	2.234	2.355	2.485	2.564	38	2.846	3.014	3.216	3.356
12	2.285	2.412	2.550	2.636	39	2.857	3.025	3.228	3.369
13	2.331	2.462	2.607	2.699	40	2.866	3.036	3.240	3.381
14	2.371	2.507	2.659	2.755	41	2.877	3.046	3.251	3.393
15	2.409	2.549	2.705	2.806	42	2.887	3.057	3.261	3.404
16	2.443	2.585	2.747	2.852	43	2.890	3.067	3.271	3.415
17	2.475	2.620	2.785	2.895	44	2.905	3.078	3.282	3.425
18	2.504	2.651	2.821	2.932	45	2.914	3.085	3.292	3.435
19	2.532	2.681	2.864	2.968	46	2.923	3.094	3.302	3.445
20	2.557	2.709	2.881	3.001	47	2.931	3.103	3.310	3.455
21	2.580	2.738	2.912	3.031	48	2.940	3.111	3.319	3.464
22	2.603	2.758	2.939	3.060	49	2.948	3.120	3.329	3.470
23	2.624	2.781	2.963	3.087	50	2.956	3.128	3.336	3.483
24	2.644	2.782	2.987	3.112	60	3.025	3.199	3.411	3.560
25	2.663	2.822	3.009	3.135	70	3.082	3.257	3.471	3.622
26	2.681	2.841	3.029	3.157	80	3.130	3.305	3.521	3.673
27	2.698	2.859	3.049	3.178	90	3.171	3.347	3.563	3.716
28	2.714	2.876	3.068	3.199	100	3.207	3.383	3.600	3.754
29	2.730	2.893	3.085	3.218					

• Cochran 最大方差检验法。Cochran 最大方差检验法用于检验多组测定数据的方差一致性，以及剔除离群方差检验。具体步骤如下：

①设有 L 组数据，每组数据测定 n 次，每组标准差分别为 S_1，S_2，…，S_L；

②将 L 个标准差（S_i）按大小顺序排列，最大的标准差记为 S_{max}；

③按照下式计算统计量 C：

$$C=\frac{S_{max}^2}{\sum_{i=1}^{L}S_i^2} \tag{6-4}$$

若 $n=2$，即每组只有 2 次测定，各组内差值分别为 R_1，R_2，…，R_L，则按下式计算统计量 C：

$$C=\frac{R_{max}^2}{\sum_{i=1}^{L}R_i^2} \tag{6-5}$$

④根据选定的显著水平 α、组数 L 和测定次数 n，查表 6-9 获得临界值 C_0；

⑤依据异常值判别准则，决定取舍。

表 6-9 Cochran 最大方差检验临界值(C_0)表

L	$n=2$		$n=3$		$n=4$		$n=5$		$n=6$	
	$\alpha=0.01$	$\alpha=0.05$	$\alpha=0.01$	$\alpha=0.05$	$\alpha=0.01$	$\alpha=0.05$	$\alpha=0.01$	$\alpha=0.05$	$\alpha=0.01$	$\alpha=0.05$
2			0.995	0.975	0.979	0.939	0.959	0.906	0.937	0.877
3	0.993	0.967	0.942	0.871	0.883	0.798	0.834	0.746	0.793	0.707
4	0.968	0.906	0.864	0.768	0.781	0.684	0.721	0.629	0.676	0.590
5	0.928	0.841	0.788	0.684	0.696	0.598	0.633	0.544	0.588	0.506
6	0.883	0.781	0.722	0.616	0.626	0.532	0.564	0.480	0.520	0.445
7	0.838	0.727	0.664	0.561	0.568	0.480	0.508	0.431	0.466	0.397
8	0.794	0.680	0.615	0.516	0.521	0.438	0.463	0.391	0.423	0.360
9	0.754	0.638	0.573	0.478	0.481	0.403	0.425	0.358	0.387	0.329
10	0.718	0.602	0.536	0.445	0.447	0.373	0.393	0.331	0.357	0.303
11	0.684	0.570	0.504	0.417	0.418	0.348	0.366	0.308	0.332	0.281
12	0.653	0.541	0.475	0392	0.392	0.326	0343	0.288	0.310	0.262
13	0.624	0.515	0.450	0.371	0.369	0.307	0.322	0.271	0.291	0.246
14	0.599	0.492	0.427	0.352	0.349	0.291	0.304	0.255	0.274	0.232
15	0.575	0.471	0.407	0.335	0.332	0.276	0.288	0.242	0.259	0.220

续表

L	n=2		n=3		n=4		n=5		n=6	
	α=0.01	α=0.05	α=0.01	α=0.05	α=0.01	α=0.05	α=0.01	α=0.05	α=0.01	α=0.05
16	0.553	0.452	0.388	0319	0.316	0.262	0.274	0.230	0.246	0.208
17	0.532	0.434	0.372	0.305	0301	0.250	0.261	0.219	0.234	0.198
18	0.514	0.418	0.356	0.293	0.288	0.240	0.249	0.209	0.223	0.189
19	0.496	0.403	0.343	0.281	0.276	0.230	0.238	0.200	0.214	0.181
20	0.480	0.389	0.330	0.270	0.265	0.220	0.229	0.192	0.205	0.174
21	0.465	0.377	0.318	0.261	0.255	0.212	0.220	0.185	0.197	0.167
22	0.450	0.365	0.307	0.252	0.246	0.204	0.212	0.178	0.189	0.160
23	0.437	0.354	0.297	0.243	0.238	0.197	0.204	0.172	0.182	0.155
24	0.425	0.343	0.287	0.235	0.230	0.191	0.197	0.166	0.176	0.149
25	0.413	0.334	0.278	0.228	0.222	0.185	0.190	0.160	0.170	0.144
26	0.402	0.325	0.270	0.221	0.215	0.179	0.184	0.155	0.164	0.140
27	0.391	0.316	0.262	0.215	0.209	0.173	0.179	0.150	0.159	0.135
28	0382	0308	0.255	0.209	0.202	0.168	0.173	0.146	0.154	0.131
29	0372	0.300	0.248	0.203	0.196	0.164	0.168	0.142	0.150	0.127
30	0.363	0.293	0.241	0.198	0.191	0.159	0.164	0.138	0.145	0.124
31	0.355	0.286	0.235	0.193	0.186	0.155	0.159	0.134	0.141	0.120
32	0.347	0.280	0.229	0.188	0.181	0.151	0.155	0.131	0.138	0.117
33	0.339	0.273	0.224	0.184	0.177	0.147	0.151	0.127	0.134	0.114
34	0.332	0.267	0.218	0.179	0.172	0.144	0.147	0.124	0.131	0.111
35	0.325	0.262	0.213	0.175	0.168	0.140	0.144	0.121	0.127	0.108
36	0.318	0.256	0.208	0.172	0.165	0.137	0.140	0.118	0.124	0.106
37	0.312	0.251	0.204	0.168	0.161	0.134	0.137	0.116	0.121	0.103
38	0.306	0.246	0.200	0.164	0.157	0.131	0.134	0.113	0.119	0.101
39	0.300	0.242	0.196	0.161	0.154	0.129	0.131	0.111	0.116	0.099
40	0.294	0.237	0.192	0.158	0.151	0.128	0.128	0.108	0.114	0.097

（三）水文数据一致性检验

数据的一致性又称数据的时间一致性，是前后不同时间的观测数据，在观测场地、观测方法、数据单位等方面要保持一致性和连续性，以便确保数据的可用性。

1. 场地的一致性

场地一致性要求不同时间段的长期观测数据都应该保持在同一块样地进行观测。某项数据出自同一块场地是长期监测的基本要求。

对场地一致性的检验，主要是对数据观测样地的代码、经纬度、场地名称等内容进行检查，要求场地代码一致、场地名称一致、经纬度一致。

对于观测场地变更的数据，一定要使用新的样地代码，并赋予新的样地名称。

2. 观测方法的一致性

观测方法的一致性要求水文数据的观测方法在不同时间段是一样的，使得数据具有可比性。

观测方法的一致性检查主要检查数据的具体观测方法、观测人员以及原始记录表格的情况和操作流程等。

对于观测方法发生变更的数据，需要在数据中明确说明，并对新的观测方法的具体背景信息，包括仪器型号及其生产厂家、设施特征、观测流程等进行详细说明。

3. 数据单位的一致性

数据单位的一致性要求上报的数据具有相同的单位和相同的精度表达，并符合 *CERN* 数据规范的统一要求。

数据单位的一致性检查内容主要包括检查数据单位是否一致、检查数据的小数位精度是否一致等。

二、水质观测数据检验方法

（一）水质数据正确性检验

1. 阴阳离子平衡法

由于水中阴、阳离子始终处于一种相互联系、相互制约的关系，欲要保持水溶液中阴、阳离子电荷平衡，那么阴、阳离子摩尔浓度总和应大致相等。在理论上，

$$K^+/39 + Na^+/23 + Ca^{2+}/20 + Mg^{2+}/12 + \cdots$$
$$= HCO_3^-/61 + SO_4^{2-}/48 + Cl^-/35.5 + NO_3^-/62 + \cdots;$$

但实际上这两个量很少相等。这是由分析误差、某些离子未做测定或某些离子在分析过程中组分发生了改变等因素造成的，因此这两个总量间允许有一定的差值。根据经验

$$E.N.(\%) = \frac{\Sigma\ 阴离子毫克摩尔数 - \Sigma\ 阳离子毫克摩尔数}{\Sigma\ 阴离子毫克摩尔数 + \Sigma\ 阳离子毫克摩尔数} \times 100\%$$

E. N. 的值允许在±10%的范围内。当 *E. N.* 超出了这一范围，表明至少有一项测定需要重新校核。如果钠、钾是由阴、阳离子的差求得的，就不应该做此项平衡检查。

此外，各测定值的误差偶然巧合，也可能使阴、阳离子摩尔浓度相等。因此，除上述计算方法外，还可将水样通过强酸性离子交换树脂，使水中阳离子被树脂中的氢离子置换，然后将交换溶液用标准碱溶液滴定，则阳离子交换总量加上总碱度应与阴离子分析结果相等。若两者相差超过 10%，则说明分析结果有误。

2. 质量法与加和法测矿化度比对

矿化度是水中所含可溶性无机矿物成分的总量，是水化学成分测定的重要指标，用于评价水中的总含盐量，是农田灌溉用水适用性评价的主要指标。矿化度一般只用于天然水的测定。对于无污染的水样，测得该水样的矿化度与该水样的总可滤残渣量值相同。矿化度的测定方法依目的不同大致有质量法、电导法、阴阳离子加和法等。

理论上，矿化度应等于溶解性固体重量，但重碳酸盐在烘烤时转化为碳酸盐，其损失量约为 HCO_3^- 的一半，即矿化度≈Σ阴离子量+Σ阳离子量$-\frac{1}{2}HCO_2^-$。由于水样中组分复杂即存在分析误差，所以溶解性固体和阴、阳离子总量之间允许有一定的测定差。测定差的计算公式如下：

$$\text{测定差}(\%)=\frac{\text{矿化度}-\left(\Sigma\text{阴离子量}+\Sigma\text{阳离子量}-\frac{1}{2}HCO_2^-\right)}{\text{矿化度}+\left(\Sigma\text{阴离子量}+\Sigma\text{阳离子量}-\frac{1}{2}HCO_2^-\right)}\times 100\% \quad (6-6)$$

不同矿化度的测定差要小于各浓度的最大允许测定差（表 6-10），否则需要进行复测。

表 6-10　质量法与加和法测矿化度比对允许测定差

矿化度（mg/L）	<100	100～500	500～1 000	1 000～10 000	>10 000
允许测定差（%）	10	5	3	2	1

如果超出上述测定差，表明化学分析有误，或水样中有大量有机物质，或某种含量高的离子未进行分析，例如某些水样中硅酸盐含量高，应计入总量。

3. 用电导率校核分析结果

对于多数天然水来说，将电导率（μS/cm，25℃）乘以因数（一般为 0.55～0.7），其得数就是矿化度的量（mg/L）。对于变化不大的水源水，其经验校正因数 α 可用矿化度 M（mg/L）和电导率 E（μS/cm，25℃）的比值 $\alpha=M/E$ 求得。利用这一审核方法，可以检验分析结果的正确性，发现分析中的较大误差。

4. pH值的校核

可以根据pH值判断某些元素是否有存在的可能或以什么形态存在。

通常，pH值小于7时，水中游离CO_2占优势；而pH值为8.4时，则主要为HCO_3^-，当pH值更大时，溶液中CO_3^{2-}的含量逐渐增加；如果pH值在9.5以上，则还有可能含有OH^-。所以有以下关系：

当pH值<4或>12时，应视为无HCO_3^-；

当pH值<8.4时，应视为无CO_3^{2-}；

当pH值>8.4时，应视为无游离CO_2。

对于含有机物质不多、矿化度不大的水来说，pH值与游离CO_2和HCO_3^-含量之间的关系如式（6–7）：

$$\text{pH值} = 6.37 + \lg C_{HCO_3^-} - \lg C_{CO_2} \tag{6-7}$$

对于无游离CO_2的水来说，pH值与CO_3^{2-}和HCO_3^-含量之间的关系如式（6–8）：

$$\text{pH值} = 10.25 - \lg C_{HCO_3^-} + \lg C_{CO_3^{2-}} \tag{6-8}$$

式中，$C_{HCO_3^-}$——水样中重碳酸根离子的浓度，mmol/L；

C_{CO_2}——水样中游离CO_2的浓度，mmol/L；

$C_{CO_3^{2-}}$——水样中碳酸根离子的浓度，mmol/L。

以上校核方法在pH值测定完全准确时才可能符合计算式，pH值的计算值与实测值的差值一般应小于0.2。由于实际测定游离CO_2和pH值有较大误差，且计算式中没有考虑离子强度不同时的活度系数及各种离子真实含量的影响，因此这也是粗略的校核方法。

（二）水质数据一致性检验

1. 时间的一致性

水质数据在时间上应基本保持一致。水环境监测规范要求各台站干湿季各采样一次，并尽量保持在同一月份的同一日期采样。

由于台站对背景信息理解更为深刻，如果将各站同期历年数据进行同时段对比，可以总结出各监测指标的经验值范围，利用部分高监测频率指标的时间变化趋势，从而对数据的时间一致性进行检验。分析数据超出经验范围时，应进行原因分析。如发生分析错误应及时重新测定，如因发生特殊事件引起，必须注明。

2. 方法的一致性

为了确保分析方法的一致性及可比性，《陆地生态系统水环境观测规范》列出了各个指标的推荐方法。在网络监测中，台站基本按照规范指定的国标方法进行。随着先进仪器的引进，部分台站采用了电感耦合等离子体发射光谱法、连续流动分析仪法等仪器方法代替原有的传统方法。同一台站出现了分析方法的改变，不同台站间很多相同指标出现了不同分析方法。

3. 空间的一致性

空间的一致性是指样地是否定位，样地代码和名称是否规范、一致，背景信息是否完整。

第四节　数据库建设

水环境监测数据管理应服务于长期观测数据和短期研究数据，长期生态学观测数据的不可重复性，使得长期研究数据尤为宝贵。数据库是水环境长期监测数据集中管理、共享服务的基础。

一、数据库设计

（一）基本原则

水环境监测数据包括元数据、时间序列观测数据、专题衍生数据等，具有多层次长时间序列的显著特点，覆盖地域广，数据采集原理、方式多样化，具备广泛的科学研究应用方向。水环境监测数据库，作为长期生态学监测数据库的重要组成部分，在数据库设计建库过程中需要遵循以下基本原则。

1. 数据质量原则

在数据库设计建库过程中不仅要涵盖水环境监测的各类数据，同时还要依据质控控制规范，充分体现数据质量保证与控制。

2. 可扩展性原则

水环境长期监测数据指标不是一成不变的，随着研究的深入、技术的进步，监测的指标体系也会相应调整。在数据库设计时需要考虑有限未来的潜在扩展。

3. 统一性原则

应在总中心—分中心—台站三个层面上，保持数据库的一致性和兼容性。

4. 规范化原则

不仅要遵守数据库设计相关国家、行业规范，同时也要遵从长期生态学观测元数据规范、数据库建库规范。

（二）体系框架

水环境长期监测数据库，包括元数据、水文/水化学指标监测数据以及专题数据产品或数据集。元数据按照《长期生态学数据资源元数据标准》执行，包括标识、数据质量、方法、项目、场地、分发信息、元数据参考、空间参考系、空间表示、实体共 10 个模块的信息。水文、水化学监测指标，从生态系统类型上又可分为农田、森林、草地、荒漠、沼泽、城市等，不同生态系统类型之间存在一定差异。在长期监测的水文、水化学监测数据的基础上，按照某个主题或科学研究目标需求，进行挖掘再加工而形成新的专题数据产品或数据集。

二、观测数据入库质量控制

在台站经过数据采集、填报、审核之后，数据汇交至分中心入库。在入库之前，分中心需要对数据进行严格的检查、审核，以确保入库数据的准确性、一致性和完整性。

数据检查、审核的方法包括计算机辅助人工检查和基于规则的计算机自动检验。计算机辅助人工检查主要是采用计算机可视化展现数据，人工发现异常数据；基于规则的计算机自动检验主要是以水环境监测数据逻辑规则和专家知识库为基础，由计算机程序自动发现数据异常。发现数据异常问题后，应进行充分沟通、详细分析，对数据进行订正。

三、数据库安全管理

针对水环境监测数据库的运行特点以及长期生态学观测数据的特性，需要从以下几个方面来考虑数据库安全管理策略。

（一）数据安全

指数据本身的安全性。根据数据自身的重要性、是否为敏感信息等，区分对待不同的数据。根据数据的重要程度，授权对数据的访问级别；对涉及敏感的信息，采取加密的方式进行存储、传输。

（二）访问控制

访问控制是数据库基本安全性的核心，包括账号管理、密码策略、权限控制、用户认证等方面，主要是从与账号相关的方面来维护数据库的安全性。访问控制策略通常有避免账号被列举、最小化权限原则、最高权限最小化原则、账号密码安全原则、用户认证安全性、详尽的访问审核、数据库文件安全控制等。

（三）数据备份

完善的数据备份机制，是保障数据安全的重要手段，也是数据库安全策略的重要部分。数据备份，从备份内容角度看通常有完全备份、增量备份、完全备份与增量备份组合等几种机制；从备份时间角度，可采取不同的周期，如固定间隔周期备份与不定期备份。根据水环境监测数据库年度集中批量更新特点，可采取定期备份和不定期备份相结合的完全备份策略。定期备份的周期可根据更新周期灵活掌握，建议每年 2～3 次，同时在水环境监测数据年度更新前后分别备份 1 次。同时，为防止诸如地震、火灾、水灾等不可抗拒的外来因素对数据备份介质的永久性损坏而带来的数据损失，备份数据应采用本地和异地同时存储策略，以最大限度地保障数据的安全性。

第五节　数据出版

在大数据时代，生态领域相关的数据也随之迅速增长，就长期水环境监测而言，由于自动观测技术的发展，监测样点及监测频率大幅增加，使得数据较过去呈现爆炸式增长。数据是科学研究的基础。在数据共享方面，除了传统的基于数据库的 Web 发布，近年来，科学数据出版的发展，积极地推动了数据共享的进步。科学数据出版是将数据视为一种重要的科研成果，从科学研究的角度对科学数据进行同行审议和公开公布，创建标准、永久的数据引用信息，供其他研究性文章引证。出版包括数据投稿、同行审议、正式发表、数据引用和数据评价等基本环节。科学数据出版及引用，充分体现了数据生产者对数据成果的知识产权，使得对于数据的跟踪及关联分析更加精准。

目前，科学数据出版在形式上主要体现为基于“数字对象唯一标识符”（Digital Object Identifier，DOI）的数据论文出版，国际刊物有 *Nature Scientific Data*、*Geoscience Data* 等，国内刊物有《全球变化数据学报》《中国科学数据》等。科学数据论文出版，通常是元数据、实体数据、数据论文的一体化关联出版，即数据论文发表的同时，论文中所描述的数据集也公开共享，数据论文和数据分别获取 DOI（或数据论文和数据共享同一 DOI），这样其他研究人员使用数据后，即可按照规范引用相应的数据 DOI。

在 CERN 长期监测数据共享条例框架下，通过数据论文形式发布长期监测相关数据集，是推动 CERN 长期监测数据更广泛共享的积极尝试。

第六节　数据质量综合评价

数据质量综合评价就是定期对台站所有观测数据进行质量评估，对于长期监测而言，一般是每年评估一次数据质量状况，编写质量评估报告，并提出观测中的问题以便及时改进。数据质量综合评价是数据管理的重要组成部分，是保证数据质量的必要方法。

陆地生态系统水环境长期观测数据质量综合评价的主要内容包括以下方面。

一、数据合理性评价

数据合理性评价就是评价数据值的范围和变化特征是否符合该数据所反映的环境要素的固有特征，数据的测定和分析方法是否符合标准和要求。对数据中的特殊现象，如异常值必须明确原因，并记录下来。对于水化学分析的数据，还应该根据质量控制的要求，评估分析过程的合理性、数据的精密度和准确度等。

数据合理性评价需要很强的专业知识，在不能确定数据是否合理的时候，不能随便对数据是否合理做出结论并处理数据，而只能给出评估人自己的意见并存档。

二、数据完整性评价

数据完整性评价包括数据是否按照要求的观测频度实施观测，数据的元数据，包括场地和方法信息是否全面、数据是否存在一定的缺失等，应该记录数据缺失状况并存档。

三、数据一致性和对比性评价

长期观测数据需要保持一致性、连续性和可比性。数据一致性和可比性评价是对不同年份数据进行比较，了解数据的一致性和可比性，包括指标的观测场地是不是固定的，观测、采样和分析测定方法是否相同，数据的记录是否一致，如各种样地的代码是否发生变化、不同年份的元数据是否齐全等。

四、数据质量综合评估

数据质量综合评估就是通过对台站数据的完整性、合理性以及一致性和可比性的评价，综合考虑不同数据的特点，给数据一个整体的评估，可以通过不同的分值或者档次来评估台站数据质量的好坏。

综合质量评估报告是数据质量评估的最后环节，是提交 CERN 数据中心（综合中心）的数据质量说明文档。为了规范综合质量评估报告的编写，需要对报告的格式和内容进行详细的规定。

规范的数据综合质量评估报告应该形成规范化的撰写格式，根据 CERN 水分数据的特点，我们设置的综合质量评估报告由以下章节组成：

1. 报告名称
2. 数据集内容综述
3. 数据质量综合评价
4. 报告填写人
5. 质量评价单位
6. 报告填写时间

在这六部分章节中，数据集内容综述和数据质量综合评价是报告的核心和关键，特别是数据质量综合评价，需要给出具体的评价信息，要求对内容进行规范化。

根据 CERN 水环境监测数据的特点，数据质量综合评价这一章节的撰写应该包括以下内容。

（一）水文数据的完整性分析与统计

1.1 分析方法

1.2 主要问题

1.3 完整性统计表

（二）水文数据的合理性分析与统计

2. 1 分析方法

2. 2 主要问题

2. 3 完整性统计表

（三）水文数据的一致性分析与统计

3. 1 分析方法

3. 2 主要问题

3. 3 完整性统计表

（四）水质数据的完整性分析与统计

4. 1 分析方法

4. 2 主要问题

4. 3 完整性统计表

（五）水质数据的合理性分析与统计

5. 1 分析方法

5. 2 主要问题

5. 3 完整性统计表

（六）水质数据的一致性分析与统计

6. 1 分析方法

6. 2 主要问题

6. 3 完整性统计表

（七）数据综合打分

7. 1 打分方法说明

7. 2 打分结果统计表

第七章 城市水环境治理技术体系构建

第一节 水环境治理行业的发展方向

一、发展方向

在生态文明建设上升为国家战略的大背景下，我国在水环境领域做出了如下规划：①以环境改善为最终目标，实施以控制单元为基础的水环境质量目标管理体系。建立流域、水生态控制区、水环境控制单元三级分区体系。实施以控制单元为空间基础、以断面水质为管理目标、以排污许可制为核心的流域水环境质量目标管理。②实施从水源到水龙头的全过程监管，持续提升饮用水安全保障水平。加强农村饮用水水源保护，实施农村饮水安全巩固提升工程。③建立环境治理保护重点工程，其中水环境综合整治方面，实施太湖、洞庭湖、滇池、巢湖、鄱阳湖、白洋淀、乌梁素海、呼伦湖、艾比湖等重点湖库水污染综合治理，开展长江中下游、珠三角等河湖内源污染治理。

这是流域统筹治理概念第一次出现在国家级的规划方案中。它明确了流域治理是水环境治理的完整单元，从国家层面阐明了治水要遵循流域的水循环、更新水资源、净化水环境、维持水生态系统等方面。这是与传统城市水治理完全不同的模式，需要有整体性思维，考虑协调流域的上下游、左右岸，根据当地对流域、城市生态环境的综合规划制定相应的全流域治理工程对策，做到“一河一策”。而全流域治理涉及的工程类别繁多，从水污染防治、水利工程、海绵城市、生态修复到滨水景观等，其中涉及的技术种类也让人眼花缭乱，诸如市政施工、水利排涝、环境治理、园林设计等。作为流域治理实施方，如何合理应对当前行业面临的各种水环境治理问题，是最大的考验与机遇。

二、城市水环境治理面临的问题

（一）技术体系不全面

从以往失败的治水经验来看，许多城市虽经历多年的大规模治水，但项目完成区的水体黑臭现象、水华现象仍十分普遍，内涝积水现象多发、频发，周而复始，限制了城市功能性的整体提升。造成这一系列问题的原因有很多，主要是没有找到一套先进的技术体系，没有将各种治水技术如流域监测技术、治污技术、施工技术、水利防涝技术有序高效地综合利用起来。为了应对错综复杂的城市水环境治理，应避免技术辐射面的缺失或重叠。

（二）多头治水，行业标准不一

由于政府职能的条块化分割，多头治水，部门之间，市、区、街道、社区之间协作联动不足，使得水环境治理的前期规划、中期建设与后期管理分散，呈片状化，导致各个治水工程联动效益低。如城市中的污水管网建设成片推进较为艰难，致使片区污水无法全面收集，相关工程发挥控制面源污染的功效较低。另外，由于城市水环境治理划分出来的项目众多，其相关投资建设主体又都有着自身的标准与规范，不同片区的治理配套设施质量参差不齐、上游技术与下游技术不能配合使用等一系列问题多发。这些落地或在建的项目虽然为片区治理提供了相应的支持，但也为后续的管理工作增添了难度。再者，由不同实施主体各自单独实施，每个工程都要办理繁杂的项目前期、工程建设各类许可，按照常规工程流程去实施流域治理，政府相关部门也需要投入大量人力和物力进行对接、跟踪与核对，但这样根本不可能完成国家以及各省要求的2020年以消除黑臭水体为主的水质考核目标。

（三）运维不到位

1. 应急响应不及时

在城市发展过程中，水文条件、片区居住与工业等情况变化较大且分散，未能成系统的环境监管设施不能有效地预测及防控这些潜在的风险点，致使传统水环境治理后的城市还频频出现内涝风险；而且在城中村、旧城区的排水设施维护管理常常不到位，管道淤堵、配套设施缺失现象也较为普遍。

2. 管理手段须加强

城市基层环境监管人员严重不足，但所须监管的流域点、片、区范围较大，工作量庞大，这就造成了水务执法不到位，非法排污现象屡禁不止；清理河道违建、非法养殖种植的力度不足，从而在许多治理案例中，刚治理转好的河道或水体又转向黑臭。而解决这种运维不到位的现象，现代化的管理手段或管理技术的协助显得十分重要，能够快速反应并处理全流程事项；此外，还须解决运维中责任划分不清、交接不畅的矛盾。

解决上述的一系列问题，需要落实流域统筹、系统治理的理念，形成一套切实可行的高效治理技术体系。

第二节　水环境治理技术新体系的建立

水环境治理承载着文化、社会需求，不是单一的技术工程，而是一项系统工程，这与传统着重“点、面”的水环境治理是完全不同的。中国电力建设集团水环境治理技术有限公司（简称“中电建水环境公司”），是中国电力建设股份公司旗下专业从事水环境治理与水生态修复，从事投资、建设、运营管理，引领水利建设、环境治理等战略性新兴业务的平台公司，立足于中国电力建设集团“懂水熟电，擅规划设计，长施工建造，能投资运营”的独特优势，为满足“五水共治”的功能需求，提出了针对城市水环境治理的一套切实可行的技术思路：控源截污、内源削减、活水增容、水质净化、生态修复、长效维护。从该技术思路中，可提炼出对应的城市水环境综合治理技术体系（以下简称“六大技术系统”）：城市河流外源污染管控技术系统、河湖污泥处置技术系统、工程补水增净驱动技术系统、生态美化循环促进系统、河湖防洪防涝与水质提升监测技术系统、水环境治理信息管理云平台系统（图 7-1）。

这六大技术系统不是孤立、凭空设立的，而是从城市水环境综合治理的切实问题出发，在项目统筹、立足平台的基础上，相辅相成，有机融合在一起的系统体系(图 7-2)。

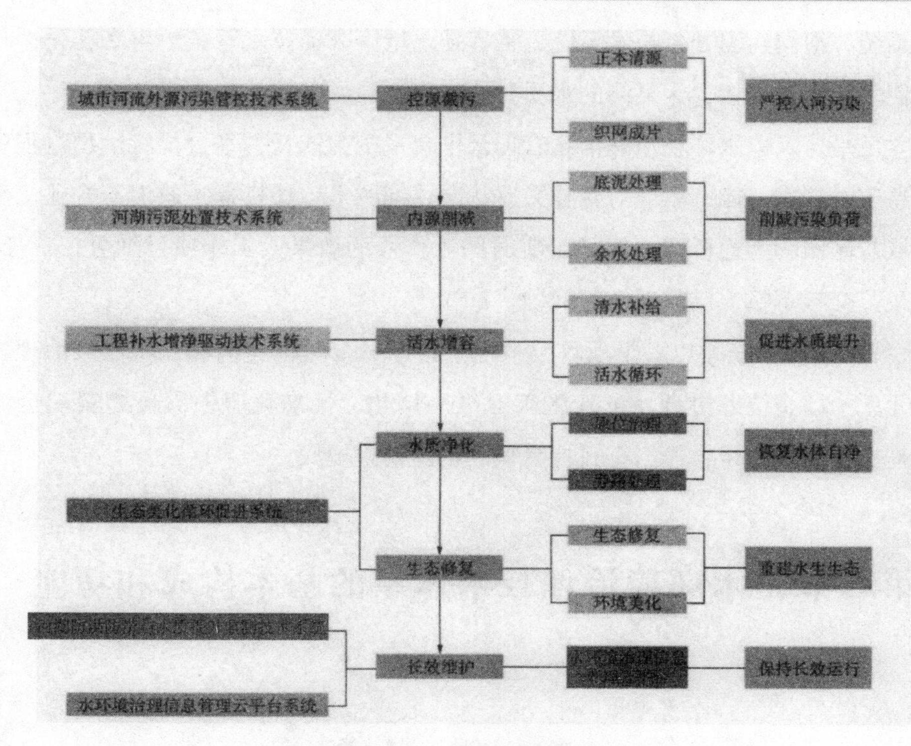

图 7-1　技术思路梳理

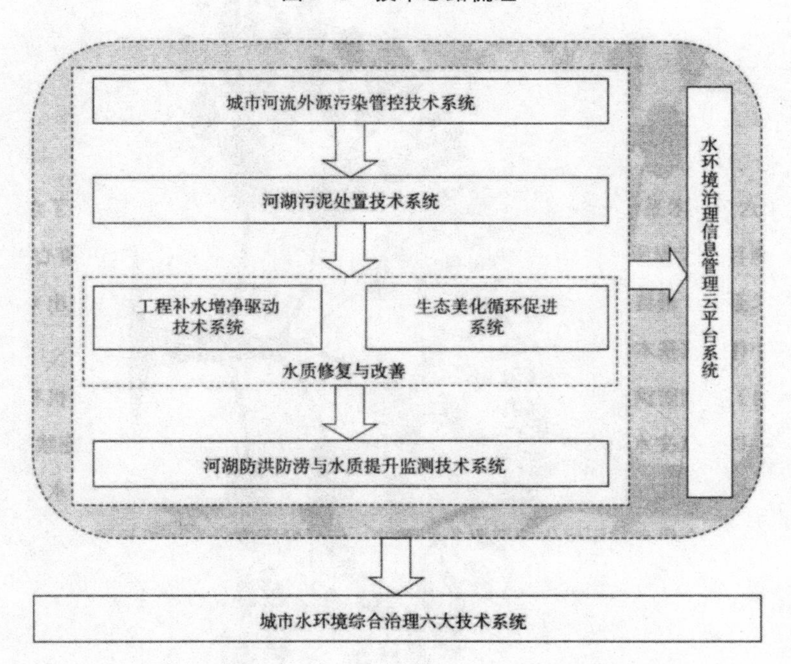

图 7-2　“六大技术系统”关系图

一是项目统筹。针对全流域统筹治理需求，在各个治理维度，给予标准化、先进性、系统性的治理技术体系。诸如河湖防洪防涝与水质提升监测技术系统、城市河流外源污染管控技术系统、河湖污泥处置技术系统、工程补水增净驱动技术系统、生态美化循环促进系统，它们之间环环连接，为最终的水质目标实现，提供具体的实施途径。

二是立足平台。以水环境治理信息管理云平台系统为依托，平台可将治理过程中的其他系统信息实时接入，能有效应对各种突发状况；同时平台还搭建了政府与企业、部门与部门、区域与区域的沟通桥梁，取得了实时图表作业的效果，工作项目细分，责任到人，有效地规避了交接不畅、反应低效等问题。

“六大技术系统”正是以一个项目、一个平台、一个目标为前提，将流域治理作为一个完整单元，为政企统筹协调，设计施工运维一体化、标准化服务，最终实现全流域统筹、全过程控制、全方位合作、全目标考核的创新治理模式。

第三节　水环境治理技术体系的基本构成和功能

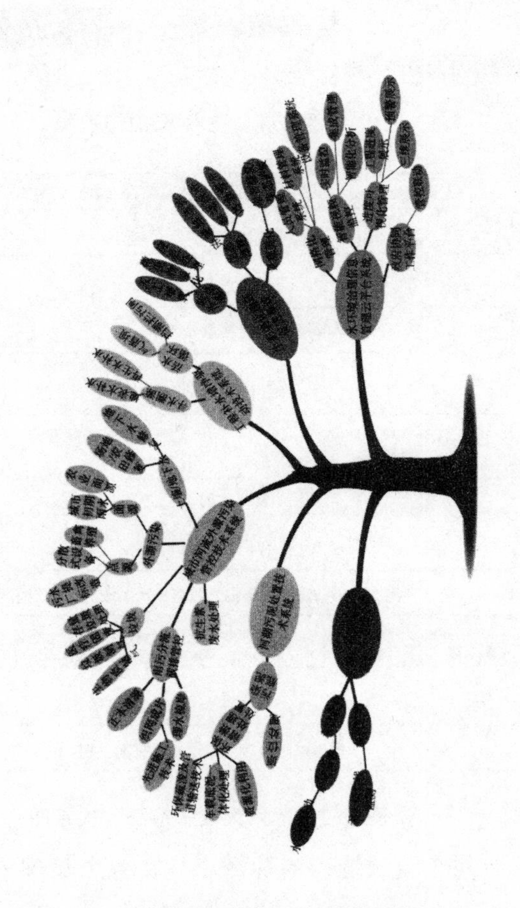

图 7–3　“六大技术系统”分项树状图

“六大技术系统”是一个完整的水环境治理技术体系（图7-3），涵盖了水环境治理项目全流程所需的技术，是中电建水环境公司水环境治理技术体系的核心。“六大技术系统”最终以技术、产品（包括硬件、软件等）及标准等形式体现出来，其中各个体系的基本构成和功能如下。

一、河湖防洪防涝与水质提升监测技术系统

这是应用遥测、通信、计算机和网络技术，以及水文、水质预报模型，完成水文、水质、市政排水信息的实时连续收集、处理，定时发布水情、水质预报，预先发布灾害预警，为城市防洪排涝、水环境管理及其他综合管理目标优化调度服务的系统，包括站网布设、预报预警、通信设计及系统整体集成等。

二、城市河流外源污染管控技术系统

这是通过“源头预防，过程控制，末端治理”三个过程将受污染的水体在流入河湖水体前进行收集处理，确保外源水体不会对河湖水体进行污染而建立的集管理措施、技术措施、工程措施于一体的管控系统。

三、河湖污泥处置技术系统

主要指对受污染河流、湖泊内源污染物的清理、处理及处置系统，是河湖水环境治理系统的关键环节之一。可以通过河湖污泥处置技术系统，清理河湖底部的污染物，并通过减量化、无害化、稳定化等系列措施对清理出来的污泥进行处理，最终通过回填、建材等用途，实现河湖污泥的资源化利用。

四、工程补水增净驱动技术系统

这一系统可以通过分析流域内入河污染负荷总量、充分挖掘流域水资源用于河道补水、采取水力调控的手段改善河道的水动力条件，增强水循环，从而改善水质。

五、生态美化循环促进系统

这一系统可以利用生态系统的自我恢复能力，辅以人工措施，使遭到破坏的生态系统逐步恢复或使生态系统向良性循环方向发展，从而达到水质提升和景观提升的目的。

六、水环境治理信息管理云平台系统

这一系统可以利用成熟的施工企业项目管理信息系统建设经验，结合物联网技术、GIS+技术、虚拟现实技术、移动互联网技术及大数据分析技术等，呈现工程项目管理的立体化管控。

第四节　水环境治理信息管理云平台系统

水环境治理信息管理云平台系统是采用SOA体系结构和组件化设计，基于J2EE的体系架构设计，利用XML技术、Services GIS技术、数据挖掘分析技术、海量空间数据引擎并发访问技术等，接入河湖防洪防涝与水质提升监测技术系统、城市河流外源污染管控技术系统、河湖污泥处置技术系统、工程补水增净驱动技术系统、生态美化循环促进系统实施过程中产生的实时数据，实现工程网格化管理、智能视频监控、进度可视化管理、政府协同工作等功能，呈现工程项目全过程管理的立体化管控的技术体系（图7-4）。

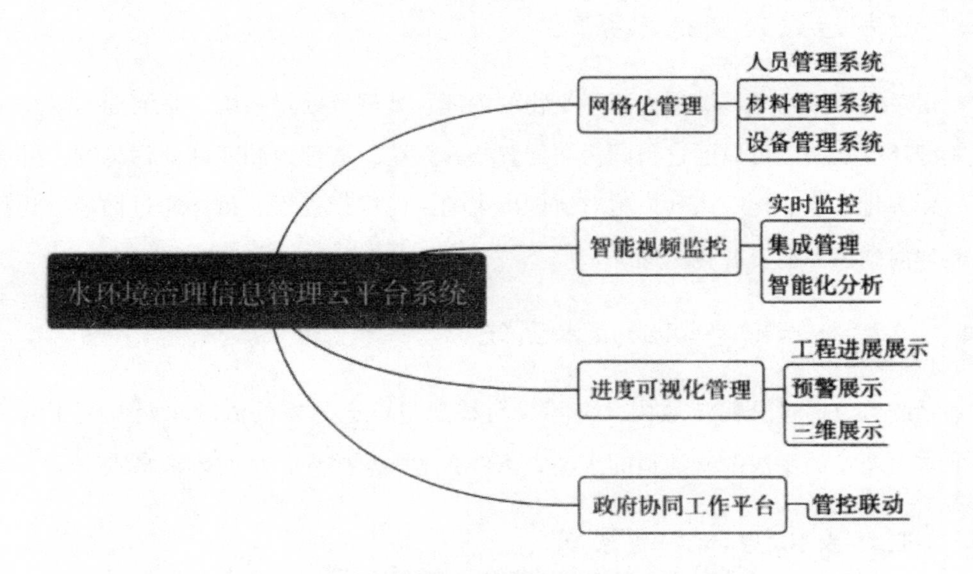

图7-4　水环境治理信息管理云平台系统示意图

一、系统架构思路

水环境治理信息管理云平台系统从工程管控全过程控制出发，分为多层结构，由下向上分别为水环境智能治理综合服务云、服务器层（虚拟服务器，分为应用服务器、数据库服务器、文件服务器、备份服务器）、中间件层 Weblogic 服务器、平台层（普元 EOS 开发集成平台、SuperMap GIS 地理信息平台、北斗定位信息平台、Hadoop 大数据平台、短信服务平台）、数据通信层（项层应用接入数据交换中心）、应用层（综合管理系统、办公一体化系统、PRP 项目管理系统、水质水情监测预警系统、视频监控及图像识别系统、施工进度形象展示、施工网络化管理系统、多媒体封装系统、基于 GIS 的施工进度可视化系统、污染源管控分析系统）、统一认证/单点登录、门户网站和访问支持客户端。

二、系统模块组成及其功能

（一）工程信息数据采集中心模块

工程信息数据采集中心模块具有以下功能：

1. 进度数据管理

进度数据管理包含标段项目立项、施工进度日报及周报填报、定额测定填报、工程进展周计划及月计划、工程建设周报及月报、部门备忘录、会议安排等数据的统计及管理。

2. 设计管理

设计管理包含供图计划、图纸资料及设计变更记录等数据的统计及管理。

3. 合同管理

合同管理包含合同台账及合同供应商的数据统计及管理。

4. 物资管理

物资管理包含供应商登记、材料验收入库、领料埋管、库存校准、物资报表、现场设备进退场等数据的统计及管理。

5. 人员管理

人员管理包含项目人员登记、力工登记、人员定位，设备进场、发放、更换及库存等数据的统计及管理。

6. 检测管理

检测管理包含中央电视台（以下简称 CCTV）车辆管理、CCTV 人员信息、CCTV 检测报告、检测日报及周报、实验室质量检测等数据的统计及管理。

（二）水信息智慧监测模块

水信息智慧监测模块的主要功能数据如下：

1. 数据库建设

按照国家、水利及环保行业的有关标准，应结合环境治理工程需要进行水情、水质数据库表结构设计建造。同时，对流域及防洪设施基础信息、测站基础水情、用户管理信息等进行数据库表结构设计，在符合标准的前提下，按照结构合理、关系明确、冗余度低的原则进行数据建表。

2. 水情信息管理与服务数据

通过对系统数据库的访问，实现实时水情信息、历史水情信息的查询，查询方式包括单站、多站实时或者历史水情图形化查询方式、WEBGIS 及表格方式等。发生超大暴雨或洪水时，可进行报警。

3. 水质信息管理与服务数据

提供对实时在线监测水质信息、人工检测水质结果、历史水质情况的查询，查询方式包括单站、多站实时或者历史数据图形化、数据对比、WEBGIS 及表格方式等。发生水质指标超时，可进行数据报警。

4. 管网监测信息管理与服务

提供对管网的位置、走向、拓扑关系以及箱涵布设等信息的管理和查询功能，对管网内水位、流量、水质等监测信息提供管理和查询功能。

5. 数据统计及预警发布

包括雨量、水位、流量、水质等数据的统计计算，提供基于短信群发平台的预警发布，以及基于微信公众号的预警发布两种方式。

6. 数据信息共享

根据不同服务对象信息需求的不同，系统共享包括其他系统的共享，对政府机构包括市区水务部门、防汛部门、环保部门（人居委）等的共享。

（三）视频监控及图像识别模块

这一模块以超图平台为基础，将实时监控视频信息接入水环境公司可视化系统进行集成展示。视频监控 GIS 可视化系统主要包括视频监控 GIS 交互和视频监控两类模块。

（四）施工现场网格化管理模块

施工现场网格化管理模块的主要功能数据如下：

1. 信息采集数据

通过部署相关的硬件设备（微型定位装置、RFID 签到装置、手持终端等）对使用人员的位置信息、签到时刻等相关属性进行自动采集入库，区分不同级别、不同项目公司作业人员，分类汇总为网格化系统基础数据。

2. 信息存储数据

建立完善的数据库系统，对微型定位装置、RFID 签到装置、手持终端等数码签到装置进行分类入库管理，明确主数据管理的目标和识别范围。

3. 经济性应用数据

提交不同阶段的硬件设备试行方案，在实施过程中不断收集问题、总结经验、优化选型，最终确定性价比较高的方案。

4. 信息统计数据

系统对采集到的人员位置、名称时刻等属性数据进行相关算法统计。

5. 信息展示数据

展示相关的影像地图、矢量工程布置等；对人员设备展示相关的影像地图。

（五）多媒体封装组合模块

多媒体封装组合模块的主要工作为汇报素材管理的建立，以及汇报组合封装系统解决方案的提供，实现工程汇报素材专业化积累，降低汇报系统制作的门槛和提高效率，提升公司汇报系统的水平。工作内容包括汇报素材管理系统和汇报组合封装管理系统。

（六）基于 GIS 的施工进度可视化模块

这一模块主要用于归纳水环境综合整治项目的特点，建立 GIS 空间数据库，对接项目管理系统、人力资源管理系统、施工网格等与进度有关的基础数据，实现施工进度信息在超图环境中可视化展示、图表分析与展示、进度对比与预警、报表输出。

（七）安全和应急管理综合服务模块

安全和应急管理综合服务系统分为手机端（手机 App），主要具有现场照片等资料的上报、查看；电脑端（运维平台），主要负责资料查看处理、统计报表、资料保存等功能。系统应提供通知、数据库建设、班前会、现场记录、人员定位、隐患上报处理、事故、污染源、巡检记录、特种设备、突发事件上报、巡检签到、在线监控监测功能、持证上岗、二维码功能、搜索功能、应急通信录、数据统计、HSE 报表等 19 个功能点。

（八）工程协同模块

环境治理工程施工涉及社区和街道，征地拆迁、交通影响、文明施工等，工程事项协调涉及的层级众多，须为参建各方提供统一的信息交流平台，切实为工程问题协调快速处理提供服务。工程协同模块为施工部门和管控单位分别提供可以快速相互沟通协商的平台，同时也为施工管理单位和业主、当地政府部门（水务局、街道办等）提供沟通协商的平台，为项目实施和问题解决提供便捷、快速高效的服务。

三、系统关键技术

环境治理工程管控平台在传统项目管理信息系统的基础上，结合“云大物移智”+VR 实施思路，结合基于 GIS 的工程进度展示与预警技术、智能视频监控技术、多方式水情水质监测技术、施工网格化管理技术等，通过“两整合”（信息资源整合、应用系统集成），建立适用于水环境治理工程行业的多元化、多视角项目管控体系。

（一）SOA 体系结构和组件化设计

采用 SOA 架构有利于项目的建设，它可以根据需求通过网络对松散耦合的粗粒度应用组件进行分布式部署、组合和使用。服务层是 SOA 的基础，可以直接被应用调用，从而有效控制系统中与软件代理交互的人为依赖性。

在基于 SOA 架构的系统中，具体应用程序的功能是由一些松散耦合并且具有统一接口定义方式的组件组合构建而成的。

SOA 架构模型如图 7-5 所示。

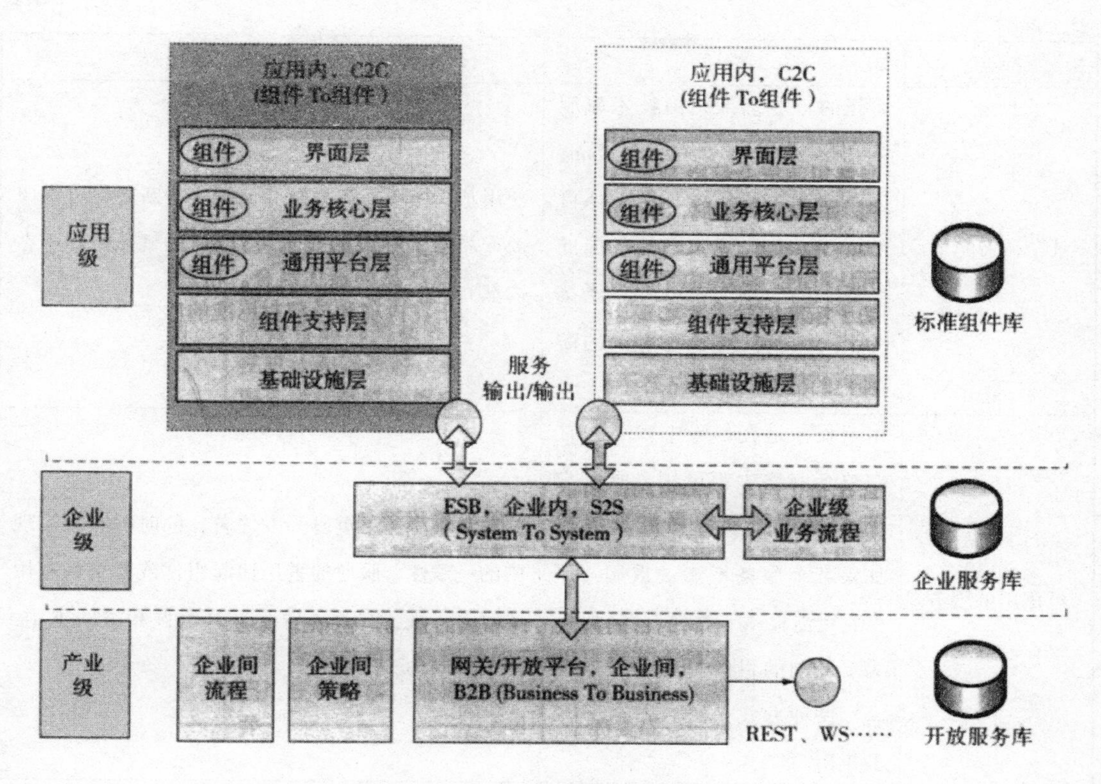

图 7-5　SOA 架构模型图

本项目将基于 SOA 架构模型进行系统的规划、设计与建设。

应用系统采用 SOA 架构的优点，如表 7-1 所示。

表 7-1　应用系统采用 SOA 架构优点描述表

特点	描述	优点、应用性能以及注解
松散耦合	服务提供者和消费者可以用定义良好的接口来独立开发。服务实现者可以更改服务中的接口、数据或者消息版本，而不对消费者造成影响	松散耦合消除了对系统两端进行紧密控制的需要。就系统的性能、可伸缩性以及高可用性而言，每个系统都可以实现独立管理，它并没有消除任何运行时的依赖性。它可以划分众多服务提供者的依赖性，但如果该运行时系统需要 24×7 的可用性以及每秒 50 000 的吞吐量，那么服务提供者的这些需求必须得到满足。实现的改变被隐藏起来。松散耦合给服务提供者和消费者提供了独立性，但要求基于标准的接口和中间物来积极地管理和代理终端系统之间的请求

续表

特点	描述	优点、应用性能以及注解
基于行业标准	真正的行业标准是由技术旗舰如 BEA、IBM、Microsoft、Sun、Oracle、W3C 以及 Oasis 所认可的。SOA 由于可以用基于标准的技术来实现，所以被广泛接受，消除了拥有私有客户的需要	使用基于标准的技术可打破行业垄断并促进供应商产品的最优组合。松散耦合层的概念依赖于在内部和外部对标准的广泛支持
可重用的服务	由于服务是在目录中发布并且在整个网络中都可用，所以它们变得更加容易被发现和重用。如果某个服务不能被重用，那么它可能根本不需要服务接口。为了不同的目的再次将服务组合，这种方式也可以实现服务的重用	服务重用避免了重复开发之苦，同时提高了实现中的一致性。服务的重用比起组件或者类的重用更容易实现，在过去曾尝试过组件和类的重用，但很少成功
同步服务调用（RPC 方式）	在同步服务调用中，调用方进行调用、传递所需的参数、中断并等待响应	如果服务提供者可用，那么同步服务调用可为请求提供立即响应。同步服务对于要求实时响应的应用程序来说是至关重要的，例如 Portal 或者 Query
异步服务调用（文档方式）	在异步服务调用中，调用方向消息收发服务发送一个包含完全上下文的消息，收发服务将该消息传递给接收者。接收者处理该消息并通过消息总线向调用方返回响应。消息正在处理过程中时，调用方不会中断	粗粒度消息和消息收发服务的使用，可以对服务请求进行排队并以最合适的系统速度来处理它们。这种方法具有高度可伸缩性，原因是队列允许的长度是多少，消息收发系统就能够对多少请求进行排队。调用方并不在处理过程中保持网络连接，并且由于调用方并不会中断，所以它们不会受处理延迟的负面影响，也不会受异步服务执行中所存在问题的负面影响。 本实现采用回调的支持，这本身并不是 Web 服务标准的一部分

续表

特点	描述	优点、应用性能以及注解
无干扰开发（通过使用现有的软件组件来开发服务）	现有的软件组件并不需要修改就可以将其功能作为服务提供出来。服务是用组件的接口定义开发或生成的	消除了修改、测试以及维护现有软件的需要。 有了组合服务，来自现有投资的功能可以被重用并重新组合来为企业创造新的价值
策略管理	当把共享的服务应用于应用程序中时，针对每个应用程序所特有的规则被外化为策略。在设计和运行时，必须就每个服务进行策略的管理和应用	基于策略的计算可以促进普通的可重用服务的创建。随着特定应用程序服务定制的外化，应用程序实现的变化被减少到了最低限度。 通常实施策略的是一个组织的操作和支持小组，并非开发小组。如果不使用策略的话，应用程序的开发人员以及操作和支持小组不得不在应用程序开发过程中并肩工作来实现并测试策略。策略的使用使得开发人员能够集中精力于应用逻辑，而使操作和支持小组专注于规则
数据访问服务	数据访问、集成、转换以及重用服务	隐藏数据源的复杂性，同时加强跨数据源的一致性、完整性以及安全性
组合服务	组合服务将新的现有的应用程序逻辑和事务处理进行了合并	充分利用现有的 IT 投资。适用于绿地和遗留实现。装配或者编排产品简化了异构系统的集成
共享的或企业的基础架构服务	基于 SOA 构建的所有应用程序所使用的公共服务称为共享的基础架构服务。使用共享的基础架构来提供公共服务可以避免每一个应用程序构建类似的服务	使用共享的基础架构服务可提供一致性，并允许单点管理。 其他的共享服务（如与安全相关的服务）可以通过将现有的产品作为服务直接提供出来的方式创建

续表

特点	描述	优点、应用性能以及注解
细粒度服务	细粒度服务实现最小的功能，同时消耗并返回最小量的数据。细粒度服务可以用 Web 服务来实现，也可以利用基于 RMI、Net 或者 CORBA 的对象来实现	细粒度服务的优点是可在粒度级实施严格的安全和访问策略。实现和单元测试很简单，而且相互独立
粗粒度服务	粗粒度服务能比细粒度服务实现更多的功能，并消耗不同数量的结构化数据或者消息。它们返回类似的数据或者消息，可能还含有内嵌的上下文	粗粒度服务不需要通过网络多次调用来提供有意义的业务功能

（二）基于 J2EE 的体系架构设计

软件开发时要选好结构，类似于盖楼房要打好地基。结构选型恰当与否，直接关系到系统的成败。在结构选型中主要应考虑以下因素：

1. 满足系统应用的需要

这是系统结构选型需要考虑的最基本条件，也是开发软件系统的目的。

2. 实用性

好的结构必须是实用的、经过实践检验的，在考虑实用性时也必须考虑用户经常使用和熟悉的环境，提高系统的可行性。通常一个实用的结构也是当今的主流方式。

3. 可维护性

用户的需求有可能随着时间的推移及办公业务管理的发展发生变化，或者增加新的需求，因此所选的结构应该有良好的可维护性。

4. 可扩展性

选用的结构应可以扩展，同时可以接纳新的技术、新的思想，使结构最大限度地满足用户发展的需要。

5. 投资保护

投资保护主要包括两方面，对用户以往投资的保护，即选择的结构应该最大限度地利用用户现有的设备、人力、网络资源，不让用户追加技术投资；对用户现在投资的保护，

即用户的选择应该是可发展的，应该能在长时间内满足用户业务发展以及技术发展的需要。

从项目建设需求来看，系统设计与开发既要适应当前的需求，同时也要考虑到将来的系统可扩展性和可变性。因而在结构选型上，要有较强的伸缩特性，并且技术上要先进、成熟、可靠和稳定，首推基于J2EE的应用体系结构。

J2EE是主流的技术体系，J2EE已成为工业标准，围绕J2EE的有众多厂家和产品，其中不乏优秀的软件产品，合理集成以J2EE为标准的软件产品构建信息集成平台，可以得到较好的稳定性、高可靠性和扩展性。

J2EE技术的基础是JAVA语言，JAVA语言的与平台无关性，保证了基于J2EE平台开发的应用系统和支撑环境可以跨平台运行。

基于J2EE标准的体系优势：

- 强大的信息集成能力。方便实现与原有系统、外部系统的信息集成和综合分析。
- 强大的流程定制能力。提供可视化的流程定义工具，方便用户快速定义、调整系统，适应网上政务系统的各种变化。
- 强大灵活的管理能力。符合Internet环境下“客户层/应用服务层/数据服务层”的三层体系结构。在这种结构下进行业务管理，易于共享和具有更高的效率和安全性。
- 可伸缩性和可扩展性。适应未来发展和管理结构的改变。例如，新增加部门，原有机构扩容。另外，可根据需求的变化扩展（开发）新的功能，跟随技术发展潮流。
- 快速应用开发支持能力。应用是系统生命力的最终体现，快速的应用开发能力将使通信基础设施的价值迅速得到体现和升华。

采用基于插件的管理模式来管理所有的组件和模块，例如，系统的监听服务、工作流、报表、日程安排、事件、日志、数据处理等组件都是可以定制和插件化管理的，不仅能提高系统管理能力，而且由于插件开发本身十分灵活，还能提高系统长期扩展的生命力。

（三）MVC设计模式

应用系统采用统一的J2EE技术实现架构，基于MVC框架模型，构建多层应用。

MVC体系结构是Model-View-Controller，这是一种用于分隔应用程序组件的模式。在MVC模式中，模型封装业务逻辑层，并与框架一起封装数据层。视图负责处理发送给客户机的数据表示。控制器的作用是控制应用程序流程。

基于 J2EE 规范的应用系统体系框架如图 7-6 所示。

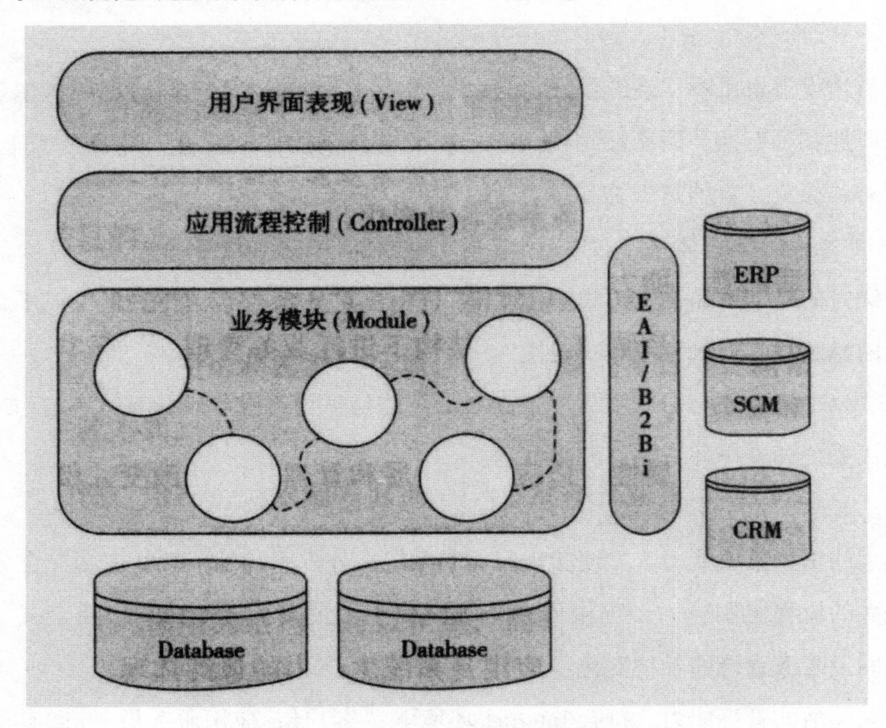

图 7-6　基于 MVC 的应用系统体系架构

基于 J2EE 的应用架构有许多实现方案和技术规范，不同的实现方案对系统的性能、开发量等具有重要影响。本设计采用模型-视图-控制器（MVC）的设计模式，参考 Struts 框架结构，实现优化的框架结构。

MVC 将应用程序逻辑明确分成下列三层：

1. 模型（Model）

这一层逻辑处理核心业务实体及其相关的业务逻辑。在实际的应用程序中，模型对象一般对应于在数据库表的列和对数据进行正确处理的代码。模型对象使用一组稳定的可复用的业务对象来实现，开发人员在多种应用程序中使用这些业务对象。

2. 视图（View）

这一层处理应用程序的数据表示对用户的命令，换句话说，是系统的用户视图。视图对象可以在浏览器中的 HTML 页，也可以在 Java 客户程序中的图形用户界面。它们通常是应用程序特定的。

3. 控制器（Controller）

这一层位于视图层和模型层之间，实现业务逻辑和工作流。由视图层的用户发出的命令一般触发在控制器层中的代码，操纵模型层的一个或多个对象来完成命令功能。控制器对象通常是应用程序特有的，但也可以被多个应用程序使用。

（四）XML 技术

XML 同 HTML 一样，都来自 Standard Generalized Markup Language（以下简称 SGML），即标准通用标记语言。XML 是一个精简的 SGML，它将 SGML 的丰富功能与 HTML 的易用性结合到了应用中。XML 保留了 SGML 的可扩展功能，允许定义数量不限的标记来描述文档中的资料，允许嵌套的信息结构。XML 的全名是 eXtensible Markup Language（可以扩展的标记语言），它的语法类似 HTML，都是用标签来描述数据。HTML 的标签是固定的，只能使用，不能修改；XML 则不同，它没有预先定义好的标签可以使用，而是依据设计上的需要，自行定义标签。XML 是一个元语言，根据不同的行业和语义，由它可以派生出许许多多的协议和规范。不同的行业和领域都可以制定自己的 XML 规范，用于横向和纵向的信息交流和数据传输，从而形成特定领域（如政府、商业等）的标记语言，为该领域中的数据和信息交换提供统一规则。

（五）Services GIS 技术

Web Service（Web 服务）是一种分布式的计算技术，在 Internet 或者 Intranet 上通过标准的 XML 协议和信息格式来发布和访问商业应用服务。Web Service 技术框架图见图7-7。

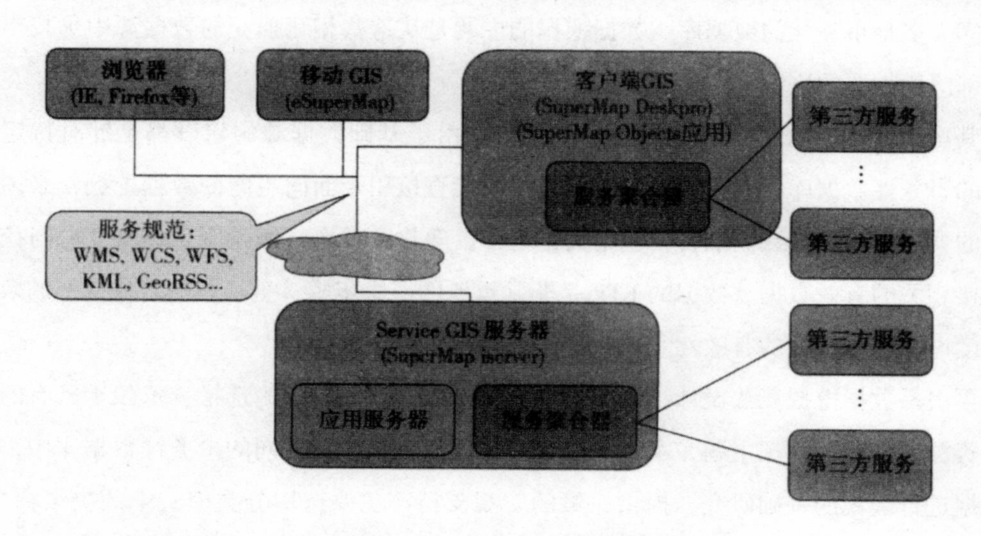

图 7-7 Web Service 技术框架图

使用 Web 服务，可以在 Web 站点放置可编程的元素，发布能满足特定功能的在线应用服务，其他组织可以通过 Internet 来访问并使用这种在线服务。

Web 服务使用的是开放的 Internet 标准：Web 服务描述语言（WSDL，用于服务描述），统一描述、发现和集成规范（UDDI，用于服务的发布和集成），简单对象访问协议（SOAP，用于服务调用）。

SuperMap 服务式 GIS 引入了 Web Service 技术，把 GIS 的全部功能封装为 Web 服务，从而实现了被多种客户端跨平台、跨网络、跨语言地调用，服务式 GIS 产品支持的服务包括 WMTS、WMS、WCS、WFS、WPS、GeoRSS、KML 等。

（六）数据挖掘分析技术

数据挖掘分析技术，是指从大量的、不完全的、有噪声的、模糊的、随机的数据中识别出存在于数据库中有效的、新颖的、具有潜在价值的、最终可理解的模式的非平凡知识的过程。它利用各种分析方法和分析工具在大规模的海量数据中建立模型和发现数据间的关系。

常用的数据挖掘技术与底层算法一般包括决策树方法、神经网络方法、概念树方法、遗传算法、贝叶斯网络等。本书在综合上述技术的基础上，针对需要解决的具体问题和应用主题，可采用以下数据挖掘过程与实现方法。

首先是基础数据源的规划。本书所涉及的原始数据很多，面向各个应用系统建立了不同的基础数据库，甚至有些分析数据还需要关联本工程其他分包的应用系统数据库，这些数据库大多是事务性的数据库。数据挖掘的主题是从这些相互独立的数据源中寻找出行业管理部门所需要的决策支持信息。

其次是数据的抽取、转换与加载（ETL）。由于基础数据源的建设都是针对特定需求建立的事务性数据库，其中存放的数据往往不能直接用于面向主题的数据挖掘，必须进行必要的数据预处理或数据准备，包括数据选择、净化、转换、缩减等工作，获取与挖掘主题直接相关的有效数据。数据的 ETL 是非常重要的一个步骤，直接影响数据挖掘的效率和准确度以及最终模式的有效性。

再次是数据挖掘算法设计。数据挖掘算法或数据挖掘技术的选择，依赖于已有的原始数据资源和选定的挖掘主题。本书所涉及的数据资源储存于不同的事务性数据库中，对海量数据进行宏观的基础研究，提供决策的宏观支持，主要选用分类模式中的决策树方法，这是分类模式中常用的一种分类器，通过对大量数据进行有目的的分类，从中找到一些有价值的、潜在的信息。决策树方法类似于流程图的结构，它包括决策节点、分枝和叶子节点，主要优点是可以生成可理解的规则，计算量小，可以处理连续和集合属性，输出结果中包括属性的重要性排序。

总之，数据挖掘技术是开发这些数据资源的有效手段，可以找出海量数据之间的内在的有规律性的联系，从而为管理部门的宏观决策提供技术支持。

（七）海量空间数据引擎并发访问技术

海量数据并发访问在本书主要体现在数据管理子系统和 WFS 服务上，地图浏览通过预缓存方式没有压力，针对地理信息共享服务平台对海量公共地理地图数据，特别是影像的管理和发布，本书采用 SDX+引擎和 iServer 海量影像数据发布能力联袂组合，实现海量数据并发访问。

SDX+是 GIS 平台中的空间数据库引擎，它为 GIS 中的所有产品提供访问空间数据的能力，通过它来实现对空间数据的存储、索引、读取和更新。

数据的存储性能和访问性能对整个 GIS 应用的性能有着重要的影响作用，所以空间数据库引擎的功能和性能对 GIS 应用的功能完整性和运行效率具有重大影响。经过多年的研发和应用完善，SDX+已经成为一个运行稳定、功能成熟、性能卓越的空间数据库引擎，通过它，可以把 GIS 的空间几何对象数据和属性数据一体化存储到多种关系型数据库中，可以对数据进行索引、维护、追加、更新、删除等维护操作，可以按属性条件或空间条件来对数据进行各种查询返回需要的数据，还可以提供长事务、版本、拓扑关系维护等高级功能。

SDX+可以支持目前流行的多种商用数据库平台，如 Oracle、SQL Server、Sybase、DB2 等，这些数据库可以在多种操作系统平台上运行，既可以搭建同类型数据库之间的多节点集群，也可以搭建异构数据库和异构操作系统的分布式集群。此外，在 GIS Universal 产品家族中，SDX+基于标准 C++代码进行开发，实现了跨操作系统平台的发展，能够在更多操作系统（包括 Linux、Unix 等）上提供空间数据访问和管理的能力。

使用大型关系数据库一体化管理空间数据和业务数据，已经成为 GIS 应用发展的主流。空间数据库技术在很多方面有着明显的技术优势，包括海量数据管理能力、图形和属性数据一体化存储、多用户并发访问（包括读取和写入）、完善的访问权限控制和数据安全机制等。

实际应用和测试表明，SDX+具有以下三个特色：

（1）安装使用简便，充分结合数据库技术；

（2）高性能管理和访问海量空间数据；

（3）完善的数据模型，能满足各种大型 GIS 应用的需求。

近年来，随着新型采集技术的发展，GIS 数据的时间和空间分辨率不断提高，相应的数据规模也在不断增长，数据量日益庞大，使有限的网络带宽、存储空间与海量空间数据处理需求之间的矛盾日益突出。数据压缩作为解决这一矛盾的有效途径，在 GIS 应用中越来越受到重视。对数据进行压缩，有利于节省存储空间和网络带宽，提高数据的传输速率。另外，数据压缩后有利于实现保密通信，提高数据的安全性和系统整体的可靠性。

SDX+对矢量和栅格数据均支持无损压缩和有损压缩技术，无损压缩是利用数据的统计冗余进行压缩，在解压时可以完全恢复原始数据而不引入任何失真，但其压缩率受到数据统计冗余度的限制，对于空间数据其压缩率一般在 2：1 至 5：1。无损压缩技术适用于对数据精度要求非常高的行业与应用。由于压缩比的限制，无损压缩技术并不能完全解决空间数据的存储和传输问题，应用领域也比较有限。

为了获得更大的压缩比率，SDX+提供了面向矢量数据和栅格数据的有损压缩技术，有损压缩方法可以实现比无损压缩方法大得多的压缩率，它在压缩的过程中允许损失少量的信息，虽然在解压时不能完全恢复原始数据，但损失的部分对精度的影响很小，所以绝大多数的 GIS 项目中都可以得到应用。矢量数据和栅格数据的有损压缩思路并不完全相同，栅格数据的压缩算法类似于多媒体应用中的图像压缩算法，主要应用行程编码、离散余弦变换和小波变换等算法对数据进行压缩；而矢量有损压缩则主要利用空间对象节点之间的近邻相关关系来对坐标点的坐标数据进行分频编码以达到数据压缩的目的。

SDX+中的压缩技术可以根据空间数据的特点智能决定压缩的相关参数，不需要用户进行烦琐的相关设置，在保证高压缩比和时间性能的基础上简化了操作步骤，在实际应用中收到了良好的效果。

四、运维与移交

在应用中，为保障平台的日常运行服务，须及时升级软硬件设施和网络环境，确保平台运行安全与效率。具体维护说明如下：

（1）平台建设和维护单位应当按照计算机信息系统安全保密管理规定做好公共平台的日常运行工作，确保平台的正常运行。

（2）当平台因系统和网络等不可预知的原因造成系统不能提供服务时，管理维护单位需要及时通知相应共享应用单位联系人。

（3）全面落实水环境治理工程管控平台中各业务模块与相关业务部门的责任和义务，

明确业务部门的分工，理顺平台接入、开发、应用的审批流程，加大资金投入，完善平台运维机制。

（4）各级应用共享部门应当确定专人负责本单位资源的目录维护和信息资源共享服务维护工作，确保其他共享需求单位能够及时获悉最新的服务资源。

根据具体需求，编制 GIS 子系统用户手册、GIS 子系统管理员手册、水情水质监测预报系统用户手册、水情水质监测预报系统管理员手册、施工现场网格化管理系统用户手册、施工现场网格化系统管理员手册、施工进度可视化管理系统用户手册、施工进度可视化系统管理员手册、施工现场视频监控管理系统用户手册、施工现场视频监控系统管理员手册、数据采集分析中心用户手册、数据采集分析中心管理员手册、安全应急系统管理用户手册、安全应急系统管理员手册、多媒体封装组合系统用户手册、多媒体封装组合系统管理员手册等手册，并提供专业培训，以完成系统移交工作。

参考文献

[1] 张宝军，黄华圣. 水环境监测与治理职业技能设计［M］. 北京：中国环境出版集团，2020.

[2] 杜晓玉. 面向水环境监测的传感网覆盖算法研究［M］. 开封：河南大学出版社，2020.

[3] 隋聚艳，郭青芳. 水环境监测与评价［M］. 郑州：黄河水利出版社，2020.

[4] 时文博，李华栋，宋颖，等. 黄河山东水环境监测现状及发展［M］. 郑州：黄河水利出版社，2020.

[5] 邱诚，周筝. 环境监测实验与实训指导［M］. 北京：中国环境出版集团，2020.

[6] 王森，杨波. 环境监测在线分析技术［M］. 重庆：重庆大学出版社，2020.

[7] 孙岐发，郭晓东，田辉，等. 长吉经济圈水资源及地质环境综合研究［M］. 武汉：中国地质大学出版社，2020.

[8] 英爱文，章树安，孙龙. 水文水资源监测与评价应用技术论文集［M］. 南京：河海大学出版社，2020.

[9] 潘奎生，丁长春. 水资源保护与管理［M］. 长春：吉林科学技术出版社，2019.

[10] 梅鹏蔚. 天津市地表水监测网络与环境质量［M］. 天津：天津科技翻译出版有限公司，2019.

[11] 许秋瑾，胡小贞. 水污染治理、水环境管理和饮用水安全保障技术评估与集成［M］. 北京：中国环境出版集团，2019.

[12] 袁国富，朱治林，张心昱，等. 陆地生态系统水环境观测指标与规范［M］. 北京：中国环境出版集团，2019.

[13] 魏家红，张尧旺. 水质监测与评价（第3版）［M］. 郑州：黄河水利出版社，2019.

[14] 李孟东. 漳卫南运河水生态监测与保护［M］. 哈尔滨：东北林业大学出版社，2019.

[15] 孙成，鲜啟鸣. 环境监测［M］. 北京：科学出版社，2019.

[16] 简敏菲，江玉梅. 环境监测 [M]. 哈尔滨：东北林业大学出版社，2019.
[17] 奚旦立，孙裕生. 环境监测 [M]. 北京：高等教育出版社，2019.
[18] 危亮. 环境监测 [M]. 南昌：江西高校出版社，2019.
[19] 张胜军，刘劲松. 地表水异味特征有机物质监测技术 [M]. 北京：化学工业出版社，2019.
[20] 朱宇，王爱新，许淑萍. 松花江流域省界缓冲区水环境监测与评价 [M]. 北京：科学出版社，2019.
[21] 朱丽芳，夏银锋. 水污染与水环境治理 [M]. 北京：中国水利水电出版社，2019.
[22] 马浩，刘怀利，沈超. 水资源取用水监测管理系统理论与实践 [M]. 合肥：中国科学技术大学出版社，2018.
[23] 伍跃辉. 基于水生态功能分区的流域水环境监测体系构建与应用 [M]. 北京：中国环境出版集团，2018.
[24] 隋鲁智，吴庆东，郝文. 环境监测技术与实践应用研究 [M]. 北京：北京工业大学出版社，2018.
[25] 王业耀. 流域水生态环境质量监测与评价案例研究 [M]. 北京：科学出版社，2018.
[26] 伍跃辉，陈威，李博，等. 基于水生态功能分区的流域水环境监测体系研究 [M]. 北京：中国环境出版集团，2018.
[27] 李晓芳. 面向近岸海域水环境监测的无线传感器网络关键技术研究 [M]. 上海：上海交通大学出版社，2018.
[28] 尚秀丽，李薇. 水处理实验技术 [M]. 北京：中国石化出版社，2018.
[29] 邵益生，宋兰. 饮用水水质监测与预警技术 [M]. 北京：中国建筑工业出版社，2018.
[30] 林红军，王悦，张润. 水环境监测与评价 [M]. 成都：四川大学出版社，2017.
[31] 谷金钰. 水文、水环境、水生态监测理论与应用探讨 [M]. 南京：河海大学出版社，2017.
[32] 王雪琴，童赛红，陈萍花. 水质监测与评价 [M]. 成都：西南交通大学出版社，2017.
[33] 苏会东，姜承志，张丽芳. 水污染控制工程 [M]. 北京：中国建材工业出版社，2017.